KB201500

보드게임하는 수학자

보드게임하는 수학자

김종락 지음

수학 프리즘 × 02

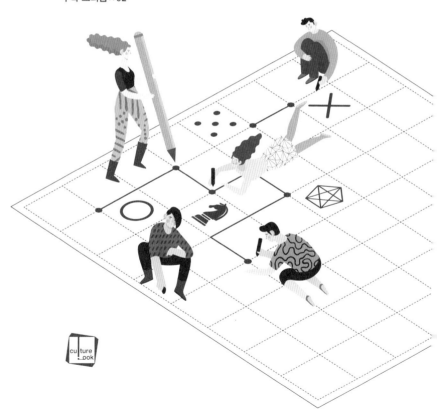

culturelook

수학 프리즘 × 02

보드게임하는 수학자

지은이 김종락
펴낸이 이리라

편집 이여진
본문 디자인 에디토리얼 렌즈
표지 디자인 엄혜리

2019년 11월 30일 1판 1쇄 펴냄
2021년   5월 30일 1판 3쇄 펴냄

펴낸곳 컬처룩
등록번호 제2011 - 000149호
주소 03993 서울시 마포구 동교로 27길 12 씨티빌딩 302호
전화 02.322.7019 | 팩스 070.8257.7019 | culturelook@daum.net
culturelook.net

ⓒ 2019 김종락
Published by Culturelook Publishing Co.
Printed in Seoul

ISBN 979 - 11 - 85521 - 72 - 5   04410
ISBN 979 - 11 - 85521 - 70 - 1   세트

차례

흔히들 수학은 어렵고 재미없는 학문이라고 합니다. 하지만 저를 포함한 일부 사람들에게 수학은 재미있고 도전적인 학문입니다. 왜 그럴까요? 수학을 바라보는 시각이 이렇게 다른 이유를 알아야, 수학에 대한 부정적인 생각을 긍정적인 생각으로 바꿀 수 있지 않을까라는 희망으로 이 책을 쓰게 되었습니다.

수학을 재미있다고 생각하는 사람들은 어릴 적부터 수학에 대한 좋은 느낌을 갖고 있습니다. 수학은 우선 수로 이루어져 있습니다. 학교에서 자세히 배우기 이전부터 어린아이들은 이미 수를 많이 접하고 있습니다. 사과 하나를 먹고 하나 더 먹고 싶다고 손짓합니다. 자기가 갖고 있는 과자를 친구에게 나눠주고 몇 개가 남는지 헤아려 봅니다. 이렇듯 수에 대한 체험을 먼저 하고 학교에서 수를 배우게 되지요. 따라서 간단한 수라면 그에 대한 거부감이 거의 없을 것입니다.

그러나 자연수는 짝수와 홀수로 이루어져 있다든지, 2자리 이상의 자연수를 서로 더하거나 곱한다든지, 더 나아가 다양한 도형에 대한 패턴을 배우는 등 학생들이 익혀야 할 수학적 개념들이 넘쳐 나면서부터 수학에 대한 흥미는 떨어지고 개념을 익히는 데 급급해집니다.

그렇다면 수학적인 개념을 재미있게 만끽하면서 좀 더 창의적이고 도전적으로 수학을 생각하게 만드는 방법 내지 해법은 무얼까요? 어릴 적 기억을 떠올려보면, 지금처럼 인터넷이 발달되지 않은 시절에도 일종의 오프라인 게임이 있었습니다. 대표적인 것이 구슬로 하는 놀이지요. 구슬의 개수를 맞히거나 한 구슬로 다른 구슬을 맞춰 멀리 보내기를 하는 식이었습니다. 지금 생각해 보면 전자는 대수Algebra 게임이고 후자는 기하Geometry 게임입니다. 이런 게임을 통해 저는 수학과 친해지고 결국 수학을 전공하게 되었답니다.

이런 경험으로 수학과 관련된 게임을 발굴하게 되었어요. 이를 통해 학생뿐만 아니라 일반인들도 수학에 대한 공포심을 없애고 수학을 하나의 놀이로 바라볼 수 있으면 좋겠습니다.

이 책에서는 대부분 세계적으로 유명한 게임들을 골랐는데, 특히 수학적인 개념이 많이 들어간 게임들을 소개합니다. 이 책은 〈수학동아〉에서 "김종락 교수의 보드게임 페스타"라는 이름으로 1년간 연재된 글들을 새롭게 구성하고 보완한 것입니다. 혼자 할 수 있는 게임부터 여러 명이 함께할 수 있는 게임들로 다양하게 구성되어 있습니다. 그중에는 온라인에서 쉽게 해 볼 수 있는 게임들도 있어요. 수학 시간에 개념 이해를 돕는 활동으로 써도 좋고, 방과후 활동 교재로 사용해도 좋을 거예요. 물론 수업과 상관없이 친목 모임에서 분위기를 띄우는 게임으로 사용할 수도 있지요.

이 책에는 수학의 가장 기본 개념을 익히게 해 주는 게임도 있고, 게임 방법은 간단하지만 내재된 수학적 원리는 까다로운 게임도 있습니다. 수학의 원리를 몰라도 게임을 즐기는 데 아무런 제약이 없어요. 하지만 수학 개념을 알고 게임을 한다면 훨씬 흥미롭게 게임을 즐길 수 있을 거예요. 이미 널리 알려진 게임을 수학적으로 규명하려 한 수학자도 있고 수학적인 게임을 개발한 수학자도 있습니다. 다양한 시대에 활동한 다양한 수학자들을 소개하고 이들의 기발한 아이디어와 수학 개념을 함께 소개하고자 했어요. 이 수학자들도 수학을 게임처럼 즐겼던 이들입니다. 책에 소개된 게임들을 해 보면서 수학자가 즐기는 재미있는 수학의 맛을 함께 느껴보세요.

항상 가족의 응원이 큰 힘이 되었습니다. 특히, 어릴 때부터 보드게임을 좋아하여 같이 게임도 하고 지금도 든든한 지원군이 되고 있는 딸 진아에게 감사의 말을 전합니다.

이 책을 편집해 주신 컬처룩 편집팀에게 감사의 말씀을 드립니다. 혹시 내용상의 오류나 코멘트가 있으면 jlkim@sogang.ac.kr로 연락해 주세요. 보드게임 + 수학의 세계에 오신 것을 환영합니다.

김종락

일러두기

- 한글 전용을 원칙으로 하되, 필요한 경우 원어나 한자를 병기하였다.
- 한글 맞춤법은 '한글 맞춤법' 및 '표준어 규정'(1988), '표준어 모음'(1990)을 적용하였다.
- 외국의 인명, 지명 등은 국립국어원의 외래어 표기법을 따랐으며, 관례로 굳어진 경우는 예외를 두었다.
- 사용된 기호는 다음과 같다.
  논문, 잡지 등 정기 간행물: ⟨ ⟩
  책(단행본): 《 》
- 이 책에 실린 사진과 그림들은 본문의 이해를 돕기 위해 사용되었습니다. 사진의 사용을 허락해 주신 분들께 감사드립니다. 잘못 기재한 사항이나 사용 허락을 받지 않은 것이 있다면 사과드리며, 이후 쇄에서 정확하게 수정하며 관련 절차에 따라 허락받을 것을 약속드립니다. 그림 중 일부는 저자가 제공한 것을 바탕으로 컬처룩에서 작업한 것입니다.
- 본문에서 도전! ★은 난이도를 나타냅니다.

컴퓨터도 힘들어하는
타일 맞추기 게임

15 퍼즐

우체국장이 만든 퍼즐

보스 퍼즐Boss Puzzle이라고도 불리는 15 퍼즐은 1874년경 미국 카나스토타 마을의 우체국장 노예스 파머 채프먼Noyes Palmer Chapman이 만든 게임입니다. 1880년에 미국과 유럽에서 선풍적인 인기를 끌었고, 약 130년이 지난 지금도 전 세계의 많은 사람에게 사랑을 받고 있어요. 또한 15 퍼즐은 컴퓨터 프로그래머에게도 친숙한 게임입니다. 어떤 알고리즘이 최적의 알고리즘인지 아직까지 밝혀지지 않아서 많은 이들이 시도하고 있습니다. 여기에 순열이라는 수학이 숨겨져 있습니다.

15 퍼즐을 보면 정사각형 틀 안에 1부터 15까지의 숫자가 적힌 사각형 타일이 나란히 놓여 있습니다. 가로세로 4개씩 총 16개 타일이 들어갈 수 있는데, 1칸을 비워 다른 타일을 빈칸으로 움직일 수 있게 했어요. 무작위로 배열된 타일을 옮겨 타일에 적힌 숫자를 오름차순으로 배열하면 됩니다. 이렇게 숫

그림 1.   15 퍼즐

그림 2. 샘 로이드의 책《5000개의 퍼즐 백과사전》의 삽화

자가 순서대로 배열된 상태를 '표준 배열'이라고 합니다.

1878년 미국의 체스 선수이자 퍼즐 전문가로 유명한 샘 로이드Sam Loyd(1841~1911)는 14번과 15번 타일의 자리가 바뀐 퍼즐을 푸는 사람에게 당시 돈으로 1000달러를 준다고 했습니다(그림 2). 즉 이 퍼즐은 표준 배열에서 14, 15번 타일의 자리만 바꾼 배열을 표준 배열로 만들라는 것이지요. 이렇게 상금까지 걸리자 15 퍼즐은 미국에서 크게 유행하게 되었지요. 로이드가 대중에게 이 퍼즐을 알리는 데 큰 공헌을 한 셈입니다. 그런데 수학 이론을 이용해 분석해 보면 이 배열을 표준 배열로 바꾸는 것은 불가능합니다.

순열

어떤 배열을 표준 배열로 바꿀 수 있는지 없는지 알아내려면 우선 배열을 '순열'로 나타내야 합니다. 순열은 숫자나 알파벳 같은 원소 n개의 배열을 나타내는 함수로, 보통 n개 원소는 총 $n!(= n \times (n-1) \times (n-2) \times \cdots \times 2 \times 1)$개 순열을 가집니다. 예를 들어 $n = 3$이고 원소가 1, 2, 3인 경우를 살펴봅시다. 1, 2, 3을 배열하는 모든 경우를 따져보면 다음과 같이 $1-2-3$, $1-3-2$, $2-1-3$, $2-3-1$, $3-1-2$, $3-2-1$ 총 6가지 순열이 있습니다. 15 퍼즐에서 빈 곳을 16번 타일이라고 한다면 숫자가 총 16개 있는 셈이므로, $16! = 20,922,789,888,000$개 순열이 있는 거지요.

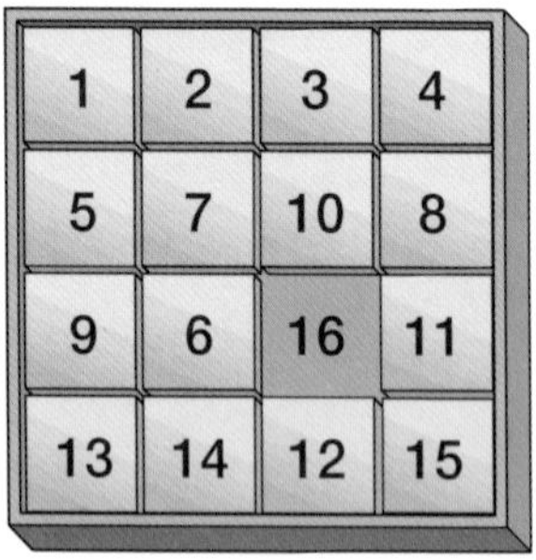

그림 3.　15 퍼즐에서 빈 곳을 16번 타일이라고 한다면 숫자가 총 16개 있는 셈이므로, 16! = 20,922,789,888,000개의 순열이 있다.

이제 여러 순열 중 한 개를 골라 구체적으로 어떤 숫자가 어디에 있는지 좀 더 자세하게 나타내 볼 거예요. 그림 3에 있는 15 퍼즐의 타일 배열을 표준 배열과 비교하면 다음 표로 나타낼 수 있어요. (이를 일대일 대응 함수 혹은 전단사 함수라고 합니다.)

표준 배열	1	2	3	4	5	6	7	8	9	10	11	12	13	14	15	16
현재 배열	1	2	3	4	5	7	10	8	9	6	16	11	13	14	12	15

위 표를 보면 6, 7, 10, 11, 12, 15, 16번 타일을 제외한 나머지 타일은 모두 표준 배열에 맞게 놓여 있습니다. 6번 타일이 있어야 할 자리에 7번 타일이 있고, 7번 타일 자리에는 10번 타일, 10번 타일이 있어야 할 자리에 6번 타일이 놓여 있습니다. 좀 더 간단하게 표준 배열 자리에 어떤 숫자가 놓여 있는지 다음과 같이 화살표로 나타낼 수 있어요.

1→1, 2→2, 3→3, 4→4, 5→5, 6→7, 7→10, 8→8, 9→9, 10→6, 11→16, 12→11, 13→13, 14→14, 15→12, 16→15

위와 같이 표준 배열에서 6, 7, 10번 타일 자리에 어떤 숫자가 놓여있는지 화살표로 나타내면 6→7, 7→10, 10→6으로 나타낼 수 있어요. 이제 중복되는 숫자와 화살표를 제외하고 (6 7 10)이라고 쓴 뒤, 왼쪽부터 시작해서 오른쪽으로 가면서 6번 타일 자리에 7번, 7번 타일 자리에 10번, 10번 타일 자리에 다시 6번 타일이 있다고 생각하면 됩니다. 비슷하게 나머지 타일을 11→16, 16→15, 15→12, 12→11로 나타낼 수 있으니 (11 16 15 12)라고 쓰면 되지요. 그러면 (6 7 10), (11 16 15 12)만 적어도 배열을 나타낼 수 있어요.

짝순열과 홀순열

배열을 순열로 나타냈을 때, 괄호 안의 숫자가 홀수 개면 짝순열, 짝수 개면 홀순열이라고 합니다. 숫자가 홀수 개인데 왜 홀순열이 아니고 짝순열이라고 부를까요? 그 이유는 짝, 홀이 괄호 안에 있는 숫자의 개수가 아니라 순열을 이루는 '호환'의 개수를 나타내기 때문입니다. 호환은 (6 7)처럼 숫자 2개로 이뤄진 홀순열로, 6→7, 7→6으로 나타낼 수 있으므로 괄호 안에 있는 두 숫자의 위치를 바꾸라는 기호입니다. 모든 짝순열, 혹은 홀순열은 호환의 조합으로 표현할 수 있습니다.

　예를 들어 (6 7 10)은 호환 두 개를 이용해 (6 10)(6 7)로 나타냅니다. 이 기호는 표준 배열에서 오른쪽에 있는 호환을 먼저 적용해 6과 7의 자리를 바꾸고, 다시 6과 10의 자리를 바꾸라는 뜻입니다. 즉 처음 (6 7)에서 6→7로 계산합니다. (6 10)에는 7이 없으므로 최종적으로 6→7로 갑니다. 7은 어떨까요? (6 7)에서 7→6으로 갑니다. 그런데 (6 10)에서

6→10이므로 이 두 개를 연결해서 보내면 결국 7→10으로 갑니다. 끝으로 10의 출력값은 무엇일까요? (6 7)에는 10이 없으므로 통과하고 대신 (6 10)에 10이 있고 10→6으로 간다는 것이므로 결국 10→6입니다. 비슷하게 (11 16 15 12)는 호환 세 개를 이용해 (11 12)(11 15)(11 16)으로 나타낼 수 있지요. 결국, (6 7 10)(11 16 15 12)로 나타낸 순열은 각각 짝수, 홀수 개 호환을 가지고 있으므로 전체는 짝순열 + 홀순열 = 홀순열인 셈입니다.

이제 15 퍼즐에서 주어진 배열이 언제 표준 배열이 될 수 있는지에 대한 정리를 소개합니다.

16번 타일이 빈 배열이 표준 배열이 되기 위한 필요 충분 조건은 이 배열에 해당하는 순열이 짝순열이 되는 경우뿐이다. 만일,

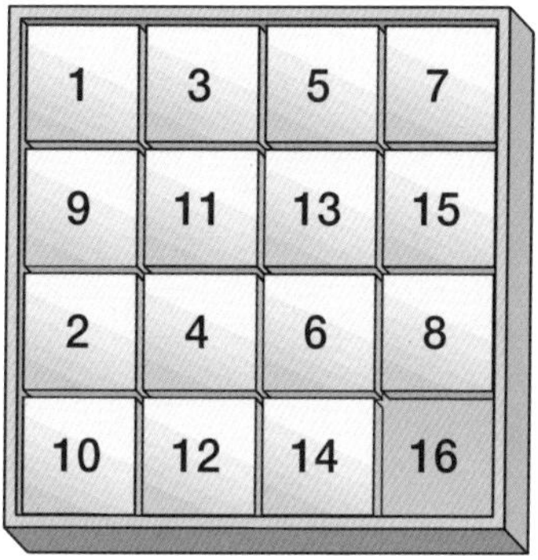

그림 4. 홀순열 짝순열

주어진 배열의 16번 타일이 비어 있지 않다면 적당히 움직여서 16번 타일이 비도록 한 후 위의 내용을 적용하면 된다.

이 정리는 미국의 수학자 윌리엄 존슨William Johnson과 윌리엄 스토리William Story가 증명한 것입니다. 이 정리에 따르면 어떤 배열을 나타내는 순열이 홀순열이면 표준 배열로 바꿀 수 없습니다. 샘 로이드가 제시한 14, 15번 타일의 위치만 바꾼 배열은 홀순열인 (14 15)로 나타낼 수 있으므로 애초에 풀 수 없는 문제였습니다.

그림 4와 같은 경우에도 표준 배열이 가능한지 살펴봅시다. 이것을 다음과 같이 함수로 나타냅니다.

표준 배열	1	2	3	4	5	6	7	8	9	10	11	12	13	14	15	16
현재 배열	1	3	5	7	9	11	13	15	2	4	6	8	10	12	14	16

이에 해당하는 순열의 형태는 다음과 같습니다.

(2 3 5 9)(4 7 13 10)(6 11)(8 15 14 12)

= 홀순열 + 홀순열 + 홀순열 + 홀순열

= 짝순열

따라서 배열은 표준 배열이 가능합니다. 물론 이것을 실제로 하려면 많은 시간이 들지요.

일반적으로 $n_1 \times n_2$(단 n_1, $n_2 \geq 2$) 보드에서도 표준 배열이 되기 위해서 다음과 같은 필요충분조건이 있습니다.

오른쪽 맨 아래 타일이 비어 있다고 가정할 때, $n_1 \times n_2$(단 n_1, $n_2 \geq 2$) 보드에서 ($n_1 n_2 - 1$) 퍼즐에 나타나는 주어진 배열이 표준 배열이 되기 위한 필요충분조건은 주어진 배열에 해당하는 순열이 짝순열이 되는 경우뿐이다.

가장 적은 수로 표준 배열로 가기

존슨과 스토리가 증명한 정리를 이용하면 15 퍼즐뿐 아니라 다양한 크기의 퍼즐에서 어떤 배열을 표준 배열로 만들 수 없는지 알 수 있어요. 그런데 표준 배열로 만들 수 있는 배열이어도 구체적으로 어떤 타일을 어떻게 옮겨야 하는지, 어떻게 하면 가장 적은 수의 타일만 옮겨서 표준 배열을 만들 수 있는지는 아직 밝혀지지 않았어요.

1986년 미국의 컴퓨터 과학자인 대니엘 라트너Dniel Ratner와 맨프레드 바르무트Manfred Watmuth는 가로세로가 각각 n개 타일로 이뤄진 $n^2 - 1$ 퍼즐에서 가장 적은 수의 타일만 옮겨서 표준 배열을 만드는 방법을 찾는 문제가 NP – 하드NP-hard에 속한다는 사실을 밝혔습니다. 즉 $n \times n$ 보드에서 ($n^2 - 1$) 퍼즐을 할 경우 가장 빠른 방법을 찾는 것은 무척 어렵다는 말입니다. (NP – 하드란 문제를 푸는 알고리듬의 복잡도가 비슷한 문제끼리 모아둔 집합으로 P, NP, NP – 하드, PSPACE가 있어요. NP – 하드는 PSPACE 다음으로 복잡한 문제의 집합입니다.)

그러나 최소한 몇 번이 필요한지는 다음과 같은 방법으로 알 수 있습니다(그림 4의 예를 다시 들어보겠습니다).

'맨해튼 거리Manhattan distance'와 '해밍 거리Hamming distance'를 이용하면 타일을 최소한 몇 번 옮겨야 하는지 추측할 수 있어요. (맨해튼 거리는 19세기 수학자 헤르만 민코프스키 Hermann Minkowski, 해밍 거리는 20세기 미국 수학자 리처드 해밍 Richard Hamming이 만든 용어입니다.) 맨해튼 거리는 여기 배열에 있는 각 숫자가 표준 배열로 되기 위해서 가로 또는 세로로 움직여야 하는 거리의 합입니다. 즉 1은 표준 배열의 위치에 있으므로 옮길 필요가 없습니다. 3은 두 번째 위치에 있으므로 오른쪽으로 한 번 옮깁니다. 5는 세 번째 위치에 있으므로 아래로 한 번, 왼쪽으로 두 번 총 세 번을 움직여야 합니다. 이를 표로 나타내면 다음과 같습니다.

	1	2	3	4	5	6	7	8	9	10	11	12	13	14	15
타일 이동 거리	0	3	1	4	3	2	2	1	1	2	2	3	4	1	3

맨해튼 거리 = 32

따라서 이 경우 최소 32번을 움직여야 합니다.

맨해튼 거리는 구하는 데 시간이 다소 걸리기 때문에 해밍 거리를 구하여 대충 몇 번을 움직여야 하는지 금방 파악할 수도 있습니다.

해밍 거리는 주어진 배열의 수가 표준 배열에 있으면 거리값 0을, 그렇지 않으면 거리값 1을 줍니다. 이를 표로 나타내면 다음과 같습니다.

	1	2	3	4	5	6	7	8	9	10	11	12	13	14	15
거리값	0	1	1	1	1	1	1	1	1	1	1	1	1	1	1

해밍 거리 = 14

따라서 최소 14번은 움직여야 표준 배열로 갈 수 있습니다. 물론 해밍 거리는 항상 맨해튼 거리보다 작거나 같습니다.

1999년 배열이 짝순열이기만 하면 어떤 배열이든 80번 안에 표준 배열을 만들 수 있다고 컴퓨터 과학자들이 증명하면서 최솟값과 최댓값을 대략 계산할 수 있게 됐어요.

● 다음 그림은 가로세로가 각각 2개 타일로 이뤄진 3 퍼즐이에요. 본문에 나온 정리를 사용하지 않고, 왼쪽 배열에서 오른쪽 배열로 옮길 수 없음을 증명해 보세요. ★

● 다음 배열을 순열로 표현하면 (1 9 8 7 6 5 4 3 2)임을 보이고 표준 배열로 갈 수 있는 방법을 찾아보세요. 또, 맨해튼 거리를 이용해 타일을 최소한 몇 번 움직여야 하는지도 계산해 보세요. ★

9	1	2
3	4	5
6	7	8

● 다음 배열을 순열로 나타낸 뒤 짝순열인지 홀순열인지 알아보세요. ★★

16	1	2	3
4	5	6	7
8	9	10	11
12	13	14	15

● 다음 배열은 가로, 세로, 대각선에 있는 숫자의 합이 30임을 확인하고, 표준 배열로 만들 수 있는지 확인해 보세요. ★★

15	1	2	12
4	10	9	7
8	6	5	11
3	13	14	

● 온라인 15 퍼즐은 다음 웹사이트에서 할 수 있습니다.
http://lorecioni.github.io/fifteen-puzzle-game/

● ★은 난이도를 나타냅니다.

건너뛰기의 게임,
대수학을 만나다

페그 솔리테어

2

혼자서도 할 수 있는 페그 솔리테어

페그 솔리테어Peg solitaire는 300년도 넘은 보드게임으로, 페그는 '말뚝,' 솔리테어는 '인내심'을 뜻합니다. 보통 혼자 하는 게임을 솔리테어라고 하는데, 이 게임은 두 사람이 할 수도 있어요. 페그 솔리테어는 17세기 프랑스 귀족들이 즐기던 게임이기도 합니다. 1687년 프랑스 잡지 〈메르퀴르 갈랑Mercure galant〉을 보면 안느 드 로앙 샤보Anne de Rohan-Chabot 공작 부인이 페그 솔리테어를 하는 그림이 나옵니다(그림 5).

게임 방법은 간단합니다. 페그(구슬) 여러 개를 십자 모양 판에 넣고 페그 하나를 잡아 가로 또는 세로 방향으로 이웃하는 페그를 하나씩 뛰어넘습니다. 건너뛴 페그는 판에서 뺍니다. 마지막 페그 하나가 남으면 끝납니다. 마치 장기에서 포包가 다른 장기알을 넘어 전진하는 것과 같은 원리입니다. 단 건너뛸 때 바로 이웃한 페그를 넘어야 합니다.

페그 솔리테어는 역사가 오래된 만큼 보드판의 모양이 다양합니다. 잘 알려진 페그 솔리테어는 세 종류입니다. 그중 두 개는 십자 모양의 보드를 사용하는데, 구멍 33개로 이루어진 영국식 보드와 구멍 37개로 이루어진 프랑스식 혹은 유럽식 보드입니다. 마지막으로 구멍 15개로 이루어진 삼각형 모양의 보드가 있어요.

영국식 페그 솔리테어는 구멍이 33개, 페그가 32개입니다. 우선 맨 가운데만 비우고 나머지 구멍을 페그로 채웁니다. 페

그림 5. 페그 솔리테어를 하는 안느 드 로앙 샤보 공작 부인. 1687년 〈메르퀴르 갈랑〉지에 실린 그림

그림 6.　영국식 페그 솔리테어(위)와 유럽식 페그 솔리테어(아래) (사진: 위 Gnsin /아래 Annielogue)

그는 가로 또는 세로로 이웃하는 페그를 뛰어넘을 수 있어요. 건너뛴 페그는 보드에서 치워지죠. 이 게임을 혼자 한다면 페그가 하나만 남을 때까지 줄이면 이기는 것이고, 둘이서 한다면 이동할 수 없는 사람이 지는 겁니다. (여기서는 혼자 하는 것만 다룹니다.)

마지막 페그는 어디에?

페그 솔리테어를 수학적으로 살펴봅시다. 편의상 구멍 위치를 $x - y$ 좌표를 이용하여 페그 솔리테어의 각 위치는 그림 7과

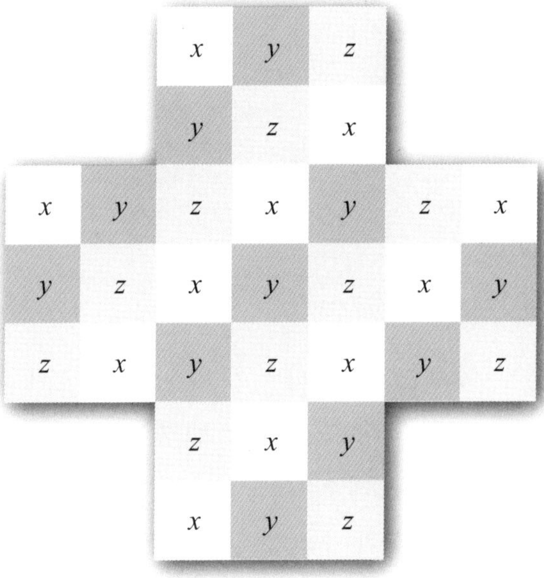

그림 7. 각 구멍에 있는 값

같이 x, y, z로 표시합니다.

연속한 세 구멍은 서로 다른 문자로 대응해야 하며, 오른쪽 위 방향으로 대각선을 그었을 때 같은 문자여야 합니다. 중앙의 구멍은 $(0, 0)$으로 표시합니다. 그러면 x, y, z와 숫자 0은 다음과 같은 덧셈 연산을 만족한답니다. 대수학에서는 이를 '클라인 4원군'이라고 불러요. $x + y = z$ 연산은 x가 y를 넘어서 z 위치에 갈 때를 의미합니다.

+	0	x	y	z
0	0	x	y	z
x	x	0	z	y
y	y	z	0	x
z	z	y	x	0

① $0 + x = x, 0 + y = y, 0 + z = z$
   (0은 항등원)
② $x + x = y + y = z + z = 0$
   (자기 자신이 역원)
③ a, b를 x, y, z 중 하나라고 할 때
   $(a + b) + c = a + (b + c)$: 결합 법칙
   성립
④ a, b를 x, y, z 중 하나라고 할 때
   $a + b = b + a$: 교환 법칙 성립
⑤ $x + y = z, y + z = x, z + x = y$.
⑥ $x + y + z = (x + y) + (x + y) = (x + x) + (y + y) = 0 + 0 = 0$

맨 마지막에 페그가 하나 남아 있을 경우의 값에 해당하죠. 영국식 페그 솔리테어를 할 경우 맨 중앙(y값)이 빈 상태에서 시작하게 됩니다. 최종적으로 하나의 페그가 남아야 하는데 어느 위치에 하나가 남을 수 있을까요? 흥미롭게도 y값이 있는 11곳 중 한 곳에 페그 하나가 남을 수 있어요. 이 중에서

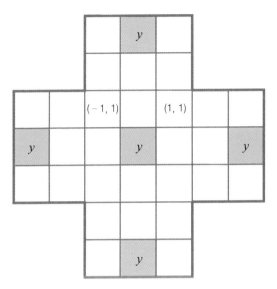

그림 8.   최종적으로 남는 페그의 위치

도 맨 중앙과 각 모서리에 있는 네 곳 등 총 다섯 곳만 하나의
페그가 남을 수 있어요(그림 8). 왜냐하면 (1, 1)의 위치에 있
는 y는 좌우 대칭을 하면 (-1, 1)의 위치에 있는 z값이 됩니다.
이는 최종값이 y이어야 한다는 조건에 위배되어 최종 위치로
(1, 1)에 올 수가 없습니다. 같은 방법으로 (-1, -1), (-1, 2),
(-2, 1), (2, -1), (1, -2)의 경우도 불가능합니다.

영국식 페그 솔리테어 해법
영국식 페그 솔리테어는 중앙이 빈 상태에서 시작했어요. 그
럼 다른 곳이 빈 상태에서 시작할 수 있다면 총 몇 가지가 가

능할까요? 단 상하·좌우 대칭과 회전 등 대칭성을 고려해야 합니다. 언뜻 생각하면 중앙을 제외한 곳이 32곳이므로 총 32곳이 가능할 것 같지요. 대칭성을 고려하면 중앙을 지나는 세로축 위로부터 y, z, x 각 부분이 비는 경우와 그 원소 왼쪽에 있는 x, y, z 각 부분이 비는 경우 등 여섯 가지로 압축할 수 있어요. 따라서 영국식 페그 솔리테어의 경우까지 고려하면 서로 다른 페그 솔리테어 게임이 7개가 가능합니다.

이제 영국식 페그 솔리테어 게임을 풀어 봅시다. 그림 9에서 보듯이 1로 표시된 블록은 세로로 3개의 페그가 있고 이를 중앙 빈 구멍을 이용하여 모두 지울 수 있어요. 2로 표시된 블

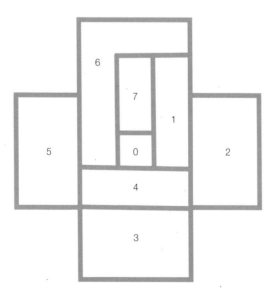

그림 9.　　영국식 페그 솔리테어: 블록별 순서대로 지우는 해법

록에는 6개의 페그가 있고 이를 다 소거합니다. 이런 식으로 하면 최종적으로 일곱 번 블록의 2개 페그를 이용하여 중앙에 마지막 페그를 올려 넣을 수 있어요.

삼각형 페그 솔리테어

삼각형 페그 솔리테어는 총 15개의 구멍이 있고 페그가 14개 있습니다. 일반적으로 맨 위의 구멍이 비어 있습니다. 페그와 인접한 방향으로 하나씩 건너뛰면서 페그 하나가 남을 때까지 하는 게임입니다. 영국식 페그 솔리테어처럼 x, y, z로 적어 보면, 최종적으로 하나의 페그가 남아야 하는데 어느 위치에

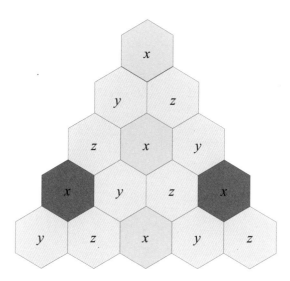

그림 10. x, y, z 레이블링

그림 11. 삼각형 페그

하나가 남을 수 있을까요? x 다섯 곳에 페그 하나가 남게 됩니다.

빈자리가 초록 칸이면 해답은 그림 12와 같습니다.

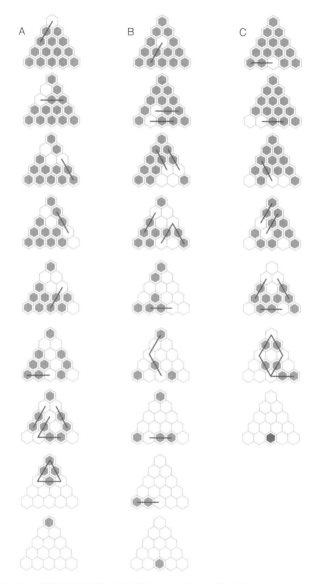

그림 12. 빈자리가 맨 위(A), 가운데(B), 그리고 맨 아래 가운데(C)일 경우의 삼각형 페그 솔리테어의 해답

● 본문에 나오는 영국식 페그 솔리테어를 직접해 보고, 자신만의 해법을 만들어 보세요. ★

● 삼각형 페그 솔리테어를 직접해 보세요. ★★

● 다음과 같이 페그가 놓여 있어요. 주황색 칸 둘 중 하나는 빈자리이고 다른 하나에는 페그가 있어요. 마지막 페그가 주황색에 오도록 페그를 움직여 보세요. ★★★

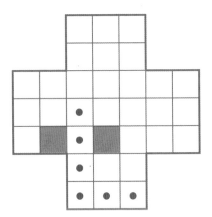

독이 든 초콜릿을 피하라

촘프 게임

3

독이 든 초콜릿 먹지 않기

촘프Chomp는 미국의 수학자이자 경제학자인 데이비드 게일 David Gale(1921~2008)이 만든 게임입니다. 게일은 게임 이론, 램지 이론을 연구했는데, 촘프 외에도 브릿짓Bridg-It이라는 게임도 만들었어요. 촘프는 '음식을 쩝쩝 먹는다'라는 뜻입니다. 그 의미대로 두 사람이 초콜릿을 한 조각씩 번갈아 가며 먹는데 마지막에 남은 독이 든 초콜릿을 먹는 사람이 지는 게임입니다. 초콜릿이 아니어도 모양이 비슷한 블록이나 바둑돌같이 간단한 도구만 있어도 즐길 수 있어요.

규칙도 간단합니다. 격자 모양 사각형 초콜릿을 준비하고 왼쪽 맨 아래 조각을 독이 든 조각으로 정합니다. 상대와 번갈아 가며 초콜릿 조각을 선택한 뒤 선택한 조각을 포함해 오른쪽과 위에 있는 모든 초콜릿 조각, 그리고 이 초콜릿으로 둘러싸인 영역에 있는 초콜릿을 모두 먹어치웁니다. 이렇게 상대와 번갈아 가며 초콜릿을 먹다가 독이 든 초콜릿 조각을 먹는 사람이 지는 게임입니다.

그림 13과 같이 세로가 4조각, 가로가 5조각인 초콜릿으로 하는 촘프 게임을 해 보세요. A가 먼저 오른쪽 여섯 조각을 먹습니다. B는 오른쪽 두 조각을 먹습니다. 이런 식으로 서로 먹다 보면 B는 여섯 번째 단계에서 독이 든 조각만 남게 할 수 있고 A가 지게 됩니다. 친구들과 함께 이 정사각형 크기의 게임을 해 보세요.

① A가 먼저 오른쪽 6조각
을 먹는다.

② B가 위쪽 2조각을 먹는
다.

③ A가 다시 아래쪽 4조각
을 먹는다.

④ B가 위쪽 2조각을 먹
는다.

⑤ A가 2조각을 먹는다.

⑥ B가 위쪽 3조각을 먹으
면 A는 독이 든 조각을 먹
어야 하므로 진다.

그림 13. 촘프 게임 방법

　　세로 길이(세로 칸) m, 가로 길이(가로 칸) n인 초콜릿에서
하는 촘프 게임을 $m \times n$ 촘프라고 합니다. 독이 든 초콜릿의
위치는 이 직사각형의 왼쪽 맨 아래 칸에 해당합니다. 이를 좌
표로 나타내면 (1, 1)이고 나머지 칸도 좌표로 표현할 수 있습
니다. 예를 들어 가로로 세 번째, 세로로 두 번째에 있는 조각
은 (3, 2)로 표시할 수 있어요. 따라서 (p, q) 조각을 선택했을
때 p보다 크거나 같은 r, q보다 크거나 같은 s, 즉 (r, s) 조각

을 모두 먹어야 해요.

두 사람이 번갈아 가며 게임을 하므로 누가 먼저 시작하든 승패에는 상관없어 보입니다. 하지만 1974년 게일은 초콜릿 크기와 관계없이 먼저 먹는 사람이 이기는 방법이 있음을 증명했습니다. 증명을 위해 처음에 내가 (p, q) 조각을 선택하고 상대는 (i, j) 조각을 선택했다고 가정해 볼게요.

두 가지 경우를 생각해 볼 수 있어요. 첫 번째는 (p, q)칸을 선택한 후 이기면 그 수가 이기는 수입니다. 두 번째는 (p, q)칸을 선택한 후 지는 경우입니다. 그 이유는 상대방의 첫 번째 선택이 (i, j)칸이기 때문입니다. 따라서 내가 처음부터 (i, j)칸을 선택했다면 이겼을 것입니다. 이런 증명을 존재성 증명이라고 합니다. 그러나 일부 m, n을 제외하고는 구체적으로 어떻게 선택해야 이기는지는 아직까지 알려져 있지 않습니다.

우선 간단히 이기는 방법을 찾아볼까요? $1 \times m$ 춈프인 경우를 생각해 봅니다. 내가 $(1, 2)$칸을 선택하고 그 오른쪽의 모든 칸을 먹으면 상대방은 $(1, 1)$칸을 먹어야 하므로 이기게 됩니다. 그럼 $m \times m$ 춈프는 어떨까요? 정답은 내가 $(2, 2)$칸을 선택하여 그 이후의 모든 칸을 먹는 것입니다. 그런 다음 상대방이 $(1, j)$칸 혹은 $(j, 1)$칸을 선택하면 나는 대칭적으로 $(j, 1)$칸 혹은 $(1, j)$칸을 선택하면 됩니다. 이러면 결국 상대방은 $(1, 1)$을 선택할 수밖에 없을 것입니다.

이제 3×2인 경우를 생각해 봅니다. 내가 첫 번째 먹어야

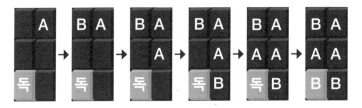

그림 14. 3×2 촘프

하는 것은 (2, 3)칸입니다(그림 14).

3×4인 경우는 어떨까요?(그림 15) 첫 번째로 (3, 2)칸을 선택하는 것입니다. 나머지 수들도 생각해 보세요.

그림 15. 3×4 촘프

m이나 n이 무한인 경우도 생각해 볼 수 있어요. 편의상 n을 무한(∞)이라고 하지요. $1 \times \infty$은 무한히 긴 초콜릿 바를 나타냅니다. 내가 이기려면 (1, 2)를 선택하면 됩니다. $2 \times \infty$인 촘프 게임에서는 상대방이 항상 이길 수 있습니다(도전!). 그럼 3 이상인 m에 대하여 $m \times \infty$의 경우는 내가 항상 이길 수 있습니다. 그 이유는 내가 (1, 3)을 선택하게 되면 상대방은 $2 \times \infty$의 경우에서 선택해야 하기 때문입니다.

부분 순서 집합

촘프 게임은 부분 순서 집합으로도 바꿔볼 수 있어요. 부분 순서 집합이란 집합의 일부 원소들끼리만 대소 관계가 있는 집합을 말합니다.

$$\{1, 2, 3, 4, 5\} \qquad\qquad \{1, 2, 3, a, b\}$$

첫 번째 집합은 어떤 두 수를 택해도 크기를 비교할 수 있어요. 그런데 두 번째 집합은 a와 1의 크기를 비교할 수 없으니 부분 순서 집합입니다.

간단하게 2×3 촘프를 부분 순서 집합으로 바꿔 보도록 하죠. 우선 모든 조각을 좌표로 나타낸 뒤 한데 모아 집합 (1, 1), (1, 2), (2, 1), (2, 2), (3, 1), (3, 2)를 만듭니다. 이 집합에서는 좌표의 가로와 세로가 모두 크거나 같은 좌표를 '크다'고 할 거예요. 따라서 (2, 2)는 (2, 1)보다 크지만 (3, 1)과는 크기를 비교할 수 없으니 이 집합은 부분 순서 집합입니다. 이제 초콜릿 조각을 선택하는 대신 좌표를 선택하고, 초콜릿을 먹는 대신 좌표보다 '큰' 좌표를 모두 지워 가며 게임을 즐깁니다. 그러면 이 부분 순서 집합의 가장 작은 수인 (1, 1)을 지우는 사람이 지는 촘프 게임이 됩니다.

$m \times n$ 촘프 게임은 '약수 게임'으로도 설명할 수 있습니다. $N = 2^m \times 3^n$이라고 할 때 1과 N을 제외한 N의 모든 약수

를 다 적어 놓습니다. 예를 들어 이런 약수들은 2×3, 2×3^2, $2^2 \times 3$, $2^2 \times 3^2$, ⋯ 식으로 표현될 것입니다. 초콜릿 조각을 선택하는 대신 약수 중 하나를 선택하고 이 수로 나눠떨어지는 모든 약수를 지우면 마지막에 $2^1 \times 3^1$을 지우는 사람이 패배하는 촘프 게임이 됩니다.

3차원 촘프

지금까지 설명한 것은 2차원 촘프입니다. 3차원 촘프 게임도 가능합니다. 초콜릿 바 대신 초콜릿 블록이 되고, 직사각형 대신에 직육면체가 되겠죠. 독이 든 정육면체 조각은 정육면체 아래쪽 부분의 한 꼭짓점으로 하고 이를 (1, 1, 1)로 정의합니

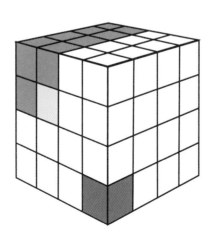

그림 16.　4×4×4 촘프

다. 이 직육면체를 $1 \leq i \leq m$, $1 \leq j \leq n$, $1 \leq k \leq l$을 만족하는 (i, j, k)로 이뤄진 순서쌍들의 모임이라고 하고 그 안에서 크기를 정할 수 있습니다. 만약 $i_1 \leq i$, $j_1 \leq j$이고 $k_1 \leq k$일 경우 $(i_1, j_1, k_1) \leq (i, j, k)$라고 크기를 정합니다. 그 외의 경우는 크기를 정의하지 않으므로 부분 순서 집합이라고 할 수 있습니다. 그림 16은 $4 \times 4 \times 4$ 촘프입니다. 빨간 부분을 선택하는 사람이 지게 됩니다. 노란 부분을 선택하면 그 왼쪽과 위의 조각(녹색 부분)을 지우면 됩니다.

촘프와 비슷한 게임으로는 님NIM이 있습니다. 초콜릿 대신 끈에 걸려 있는 구슬을 세 더미 중 한 더미에서 하나 이상의 구슬을 동시에 움직이는데, 두 사람이 번갈아 가면서 움직이다가 더 이상 움직일 수 없는 쪽이 지는 게임입니다.

● 2 × 3, 2 × 4, 2 × 5 촘프에서 처음 선택하는 사람이 이기려면 어떤 조각을 선택해야 할까요? 풀었다면 2 × m(단, m≥2)인 촘프에서 이길 수 있는 방법을 찾아보세요. ★

● 2 × ∞, 즉 세로는 2칸, 가로는 무한하게 긴 촘프에서 두 번째로 선택하는 사람이 이길 수 있는 방법은 무엇일까요? ★★

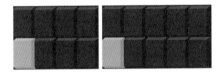

● 3 × m 촘프(m은 5부터 12까지의 자연수)에서 처음 선택하는 사람이 이길 수 있는 조각을 찾아보세요. ★★

● 3 × 3 × 3, 즉 가로, 세로, 높이가 모두 3칸인 3차원 촘프 게임에서 이기려면 처음에 어떤 조각을 선택해야 할까요? ★ ★ ★

● 가로와 세로가 3칸, 높이는 무한하게 긴 3차원 촘프(3 × 3 × ∞ 촘프)와 가로, 세로, 높이 모두 무한하게 긴 3차원 촘프(∞ × ∞ × ∞ 촘프)에서 처음 또는 두 번째로 선택하는 사람이 이길 수 있는 방법을 찾아보세요. ★ ★ ★ ★

도넛 위에서 하는 오목 게임

슈퍼 틱택토

4

오목과 비슷한 틱택토

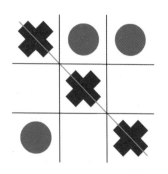

바둑판 위에 검은 돌, 흰 돌을 번갈아 놓으면서, 같은 색 돌 다섯 개를 가로나 세로 혹은 대각선으로 나란히 놓으면 이기는 '오목'을 아시나요? '틱택토Tic-tac-toe' 게임은 '삼목'이라고 할 수 있습니다. 돌을 놓는 대신 틱택토는 가로세로 각각 3칸으로 이루어진 보드판 위에서 X, O를 번갈아 가며 놓습니다. 오목처럼 먼저 삼목을 만드는 사람이 이기는 게임입니다. 틱택토는 고대 이집트 시대부터 즐겨온 게임으로, 방법이 단순해서 규칙에 익숙해지면 무승부로 끝나는 경우가 많다고 합니다. 그렇지만 더 재미있게 틱택토를 즐기는 방법도 있다고 해요.

새로운 연결, 아핀 평면 틱택토

2006년 미국의 수학자 스티븐 도허티Stephen Dougherty는 흥미로운 틱택토를 제안합니다. 기존 3 × 3 게임판을 그대로 사용하되 좀 더 다양한 삼목을 추가하는 것입니다. 그림 17의 위와 같은 네 가지 경우입니다.

이 네 가지의 특징은 무엇일까요? 첫 번째 그림(①)을 먼저 보겠습니다. 위의 두 줄은 오른쪽 방향으로 사선을 그리고

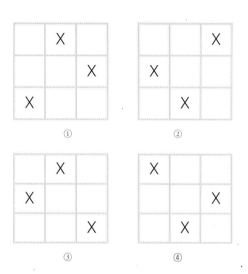

도허티가 제안한 틱택토

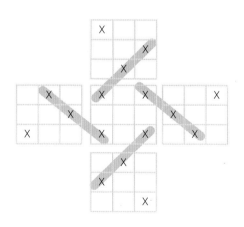

그림 17.　사선으로 연장한 틱택토

있는데 이를 연장하면 그림 17 아래처럼 될 것입니다. 세 번째 X는 3×3 보드의 오른쪽 아래 밖에 있지만 만약 이 3×3 보드가 연속적으로 붙어 있다고 가정하면 그 자리는 3×3 보드의 왼쪽 아래 위치에 해당할 것입니다. 그래서 첫 번째 그림에 있는 X들은 또 다른 대각선에 해당한다고 볼 수 있습니다.

마찬가지로 나머지 세 개의 그림들도 형식적으로는 떨어져 있지만, 보드가 연속적으로 붙어 있다면 X들이 일직선으로 나란히 붙어 있으므로 새로운 삼목이 될 수 있습니다. 이 새로운 틱택토 게임을 '아핀 평면affine plane 틱택토' 또는 '토러스 torus 틱택토'라고 부르기도 합니다. 토러스는 수영할 때 쓰는 튜브나 가운데 구멍이 하나 뚫린 도넛처럼 생긴 모양을 뜻해요. 토러스 틱택토라고 부르는 이유는 틱택토 게임판을 위아

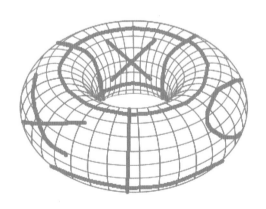

그림 18. 토러스 틱택토 (출처: codegolf.stackexchange.com)

래로 둥글게 말아 빨대처럼 만든 뒤 양 끝을 이어 붙이면 토러스가 되는데, 그러면 아핀 평면 틱택토에서 새로 추가한 삼목 모양이 토러스 위에서 나란히 연결되기 때문이에요.

3×3 틱택토는 아홉 칸을 다 채워도 승부가 나지 않는 경우가 많아요. 하지만 아핀 평면 틱택토는 그렇지 않습니다. 왜 그럴까요? 아핀 평면 틱택토에서 빈칸을 O와 X로 모두 채운 상태에서 무승부라고 가정해 봅시다. 게임을 먼저 시작한 사람이 X를 표시한다고 가정하면, 게임판에 X는 다섯 개, O는 네 개 있을 거예요. 이제 X가 게임판 모서리에 4, 3, 2, 1개 있는 경우로 나눠 무승부가 나올 수 없음을 증명해 봅시다.

(1) 먼저 모서리 가운데 4곳에 X가 있어야 합니다(그림 19

X	X	
X		X
	X	

① X가 모서리 가운데 4곳에 있는 경우

	X	
X	N	X
N	N	N

② X가 모서리 가운데 3곳에 있는 경우

	X	
X		N
	N	N

	X	
N	N	N
	X	

③ X가 모서리 가운데 2곳에 있는 경우

	X	
N		N
	N	

④ X가 모서리 가운데 1곳에 있는 경우

그림 19. 아핀 평면 틱택토에서 이길 수 있는 경우

①의 색 부분). X가 다섯 개가 되려면 X를 하나 추가해야 합니다. 만약 X를 한가운데 추가하면 삼목 두 개가 만들어지고, 모퉁이 4곳 중 어디에 추가해도 아핀 평면 틱택토에서 추가한 모양 중 하나가 되기 때문에 반드시 X가 이길 수밖에 없지요.

(2) 그림 19 ②처럼 3곳에 X가 있는 경우, X를 두 개 추가해야 합니다. N으로 표시한 부분은 X가 있으면 바로 삼목이 만들어지거나, ①과 같은 경우이기 때문에 추가하면 안 되는 칸이에요. 이제 남은 칸은 윗줄 좌우 모퉁이밖에 없는데, 여기에 X를 표시하면 첫 번째 줄에 삼목이 만들어져 X가 이깁니다.

(3) 모서리 가운데 2곳에 X가 있는 경우는 그림 19 ③처럼 두 가지가 있어요. N은 앞의 경우와 마찬가지로 X를 표시하면 안 되는 칸입니다. 이제 남은 빈칸에 X 세 개를 추가하면 반드시 삼목이 만들어져 역시 X가 이기게 되지요

(4) 그림 19 ④는 1곳에 X가 있고, X가 들어가면 안 되는 곳을 N으로 표시한 그림이에요. 이 경우 X를 네 개 추가해야 하는데, 한가운데 추가하면 나머지 네 개가 모퉁이에 있어야 해서 반드시 대각선 방향으로 삼목이 생기고, 한가운데 X가 없으면 네 모퉁이에 X가 들어가야 하므로 맨 윗줄에 삼목이 생길 수밖에 없습니다.

따라서 이 게임은 항상 승부가 납니다. 먼저 하는 사람이 유리하긴 하지만 승부는 아홉 개의 돌이 다 놓이기 전에 나는

경우가 많으므로 나중에 두는 사람은 그 전에 이기도록 전략을 짜야 합니다.

4차 아핀 평면 틱택토

앞에 설명한 것은 3차 아핀 평면 틱택토입니다. 4차 아핀 평면 틱택토는 다음 사목을 먼저 만드는 사람이 이기는 게임입니다. 각 색깔별로 4개의 사목이 있고 총 다섯 개의 색깔이 있으므로 총 20개의 사목이 존재합니다.

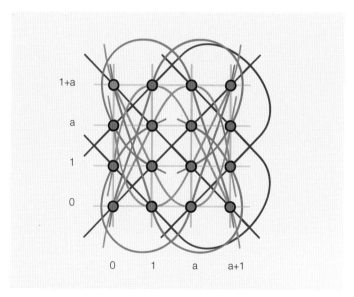

그림 20. 4차 아핀 평면 틱택토 (출처: math.stackexchange.com)

슈퍼 틱택토

슈퍼 틱택토super tic-tac-toe 혹은 최상의 틱택토Ultimate tic-tac-toe는 3×3 보드 위에서 게임을 하되 각각의 칸에는 또 다른 3×3 틱택토가 있는 보드에서 하는 게임입니다. 각 칸에서 이긴 사람이 그 부분을 X 혹은 O라고 표시합니다. 전체적으로 삼목을 먼저 만드는 사람이 이기는 게임입니다.

게임의 규칙은 이렇습니다. 총 9개의 작은 틱택토 중 하나를 선택하여 3×3 보드에 있는 9개 칸 중에 한 곳에 돌을 놓습니다(그림 21). 예를 들어 중간 틱택토의 오른쪽 위에 놓으면, 두 번째 두는 사람은 큰 틱택토의 오른쪽 위에 있는 틱택토로 가서 그중 아무 곳에 하나를 둡니다. 그러면 그 위치에 해당하는 다른 틱택토로 가서 또 하나씩 두면서 경기를 진행합니다. 만일 작은 틱택토가 이미 비기거나 승부가 났을 경우 그곳을 제외한

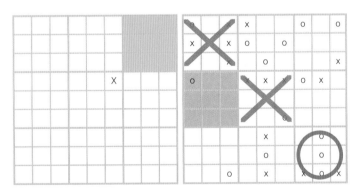

그림 21. 슈퍼 틱택토

다른 작은 틱택토로 가서 그 안의 빈칸에 돌을 넣어야 합니다.

슈퍼 틱택토에서 항상 이길 수 있는 전략은 아직 모릅니다. 2013년 이스라엘 히브리대학교 컴퓨터공학과 박사 과정 생이었던 에이탄 리프쉬츠Eytan Lifshitz와 데이비드 츄렐David Tsurel은 컴퓨터 시뮬레이션을 이용해 슈퍼 틱택토를 통계적으로 분석한 결과, 먼저 하는 사람이 이길 확률이 56%라는 사실을 밝혔습니다.

● 3차 아핀평면 틱택토를 친구와 함께 해 보세요. ★

● 슈퍼 틱택토를 친구와 함께 해 보세요. ★

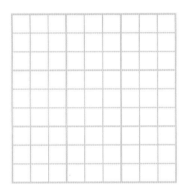

● 다음은 4차 아핀 평면 틱택토입니다. 무승부임을 보이세요. ★ ★

X	O	X	X
O	X	O	O
X	O	X	X
O	X	O	O

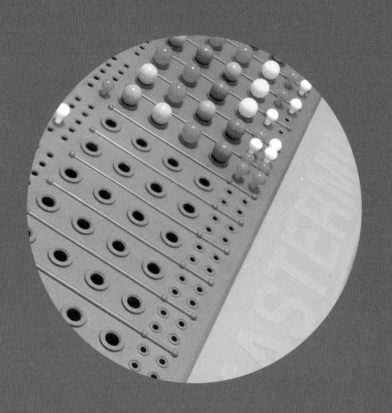

 구슬로 만드는 암호와
프로그래밍의 예술

마스터마인드

5

암호를 맞혀라

마스터마인드는 상대방이 낸 암호를 맞히는 보드게임입니다. 1970년 이스라엘의 게임 디자이너이자 통신 기술 전문가인 모데카이 메이로위츠Mordecai Meirowitz가 개발했어요. 메이로위츠가 마스터마인드를 개발해 여러 게임 회사에 소개했지만, 대부분의 회사는 모두 제작을 거절했습니다. 다행히 인빅타 플라스틱스Invicta Plastics라는 회사가 관심을 보였고, 마침내 보드게임으로 탄생했지요.

마스터마인드 보드판의 각 행에는 작은 구멍 4개와 큰 구멍 4개가 있고, 행은 난이도에 따라 개수가 다른데 보통 12개 있습니다(그림 22). 그 위에 여섯 종류의 색을 가진 구슬, 그리고 빨간색과 흰색의 작은 핀이 있지요. 이 핀들은 각 줄의 한쪽에 최대 4개까지 둘 수 있습니다.

마스터마인드는 두 사람이 하는 게임입니다. 한 사람은 암호 작성자이고 다른 사람은 암호 해독자입니다. 암호 작성자는 여섯 색깔의 구슬 중 4개를 선택하여 원하는 순서대로 마스터마인드 보드의 맨 아래 숨겨 둡니다. 이를 암호라고 합니다. 이때 구슬 4개의 색은 같아도 됩니다. 이제 암호 해독자는 구슬 색을 추측해 구슬 4개를 처음 줄에 놓습니다. 그러면 암호 작성자는 구슬의 색과 위치가 맞을 경우 빨간 핀(R)을 오른쪽에 꽂아 둡니다. 구슬의 색은 맞으나 위치가 맞지 않을 경우 흰색 핀(W)을 오른쪽에 꽂아 둡니다. 이 두 경우에 해당되지

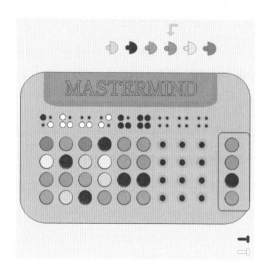

그림 22. 마스터마인드

않으면 아무 핀도 꽂아 두지 않습니다.

　이 과정을 반복해서 12행에 이르기 전에 구슬의 색과 위치를 모두 맞히면 암호 해독자가 이기고, 그렇지 않으면 암호 작성자가 이깁니다. 한 게임이 끝나면 역할을 바꿔 진행하고, 게임을 몇 번 할지를 정해서 많이 이긴 사람이 최종 승자가 됩니다.

수학으로 분석하다

마스터마인드를 수학적으로 분석한 사람은 미국의 컴퓨터 과학자이자 스탠퍼드대학교의 명예교수인 도널드 크누스Donald

Knuth입니다. 수학을 전공한 크누스 교수는 불과 28세에《컴퓨터 프로그래밍의 예술*The Art of Computer Programming*》이라는 책을 썼는데, 이 책은 컴퓨터 과학 분야에서 기념비적인 책으로 꼽힙니다.

크누스는 1976년 〈유희 수학*Recreational Mathematics*〉에 마스터마인드에 관한 논문을 발표했습니다. 이 논문에서 구슬의 색을 1, 2, 3, 4, 5, 6으로 나타냈고, 구슬 4개로 이뤄진 암호는 중복을 허락해서 숫자를 뽑는 것으로 생각했습니다. 따라서 암호는 총 $6^4 = 1296$개를 만들 수 있습니다. 그는 이 방법으로 단계별로 제시할 숫자를 알려주는 알고리듬을 만든 뒤 '많아야 다섯 번 안에 암호를 맞출 수 있다'는 사실을 증명했지요.

크누스의 증명은 복잡하므로 간단히 예를 들어 설명하겠습니다. 우선 여러분이 암호 해독자고 암호 작성자가 숫자 4개를 골라 암호를 만들었다고 해 봅시다. 일단 1122를 시도해 봅니다. 만약 흰색 핀이 4개(4W라고 쓴다)면 가능한 답은 2211로 하나뿐일 것입니다. 만약 흰색 핀이 3개이면 221□, 22□1, 2□11, □211(단 여기에서 □는 1과 2를 제외한 3, 4, 5, 6 등 네 가지입니다). 따라서 총 16가지가 가능합니다. 그다음에는 16개를 테스트하기 위하여 엉뚱해 보이는 1213을 질문합니다. 그러면 대답에서 최소한 1R이 나올 것입니다.

이 중에서 1R2W(빨간 핀 1개, 흰색 핀 2개)라고 대답이 나오는 경우는 2231, 2411, 2511, 2611입니다. 여기에 1415를 물어봅니

□ =	3	4	5	6
221□	3R	2R	2R	2R
22□1	1R2W	1R1W	1R1W	1R1W
2□11	1R3W	1R2W	1R2W	1R2W
□211	2R2W	2R1W	2R1W	2R1W

그림 23. 1213을 시도했을 때

다. 그러면 다음과 같이 서로 다른 네 가지 경우가 나옵니다.

2231 1W
2411 2R1W
2511 1R2W
2611 1R1W

이 결과물을 보고 이 네 개 중 어떤 것이 숨은 암호 코드인지 알아맞출 수 있겠지요. 1R2W가 아닌 경우도 유사하게 정답을 알아맞출 수 있습니다. 16개 코드에서 3R이 나오는 경우는 하나뿐이므로 그때의 암호 코드는 2213입니다. 16개 코드에서 2R이 나오는 경우는 세 가지이므로 2214, 2215, 2216 중 하나가 됩니다. 단순히는 차례대로 이 셋 중에 하나는 선택할 수 있지만 이 경우 최대 3번을 물어야 합니다. 이것을 줄이는 방법으로 1R2W의 경우처럼 여기에도 1415를 물으면 2214는 1R1W, 2215는 2R, 2216은 1R이 되므로 다음 단계에서 정확히 무엇인지 알 수 있습니다. 1R1W로 나타나는 세 가지 경우에도 1415를 물으면 됩니다. 나머지 경우에도 1415를 물으면 정답을 맞출 수 있습니다. 어떤 경우든지 네 번이면 맞출 수 있습니다.

위에서 흰색 핀이 세 개일 때 항상 네 번이면 암호 코드를 맞출 수 있다고 증명하였습니다. 만약 흰색 핀이 두 개면 어떨까요? 이 경우는 다음과 같은 모양이므로 총 $4^2 \times 6 = 96$이 됩니다.

22□□, □□11, 2□1□, □2□1, 2□□1, □21□
(단 □는 3, 4, 5, 6 중 하나)

흰색 핀이 1개이면 총 가능한 코드의 수는 $3^4 \times 4 = 324$가 됩니다.

□□1□, □□□1, 2□□□, □2□□

(단 □는 3, 4, 5, 6 중 하나)

흰색 핀이 0개이면 각 자리에 3, 4, 5, 6이 와야 하므로 총 가짓수는 $4^4 = 256$이 됩니다.

4.34번 만에 맞힌다

크누스 외에도 많은 사람이 암호를 찾는 알고리듬을 개발하기 위해 노력했습니다. 1993년 컴퓨터공학자 켄지 코야마와 토니 라이Tony Lai는 평균 4.34번 만에 암호를 맞힐 수 있는 방법을 발표했습니다. 이 연구에 따르면 많아 봐야 여섯 번 만에 맞힐 수 있습니다. 2005년 미국 케이스웨스턴리저브대학교 컴퓨터공학과의 제프 스터크먼Jeff Stuckman과 구오시앙 장Guo-Qiang Zhang이 각 단계에 무작위로 구슬과 핀이 있을 때 이에 해당하는 암호가 존재하는지 결정하는 문제가 'NP – 완전NP-Complete'임을 밝혔습니다.

마스터마인드와 유사한 게임들이 있습니다. 우선 불과 카우Bulls and Cows는 종이와 연필로 하는 게임입니다. 마스터마인드가 나오기 이전에 잘 알려진 게임입니다. 불과 카우도 두 명이서 하는 게임으로 각자의 역할이 다릅니다. 한 명은 황소를 뜻하는 '불'을 맡고, 다른 한 명은 젖소를 뜻하는 '카우'를 맡지요.

불과 카우는 구슬 대신에 0~9로 이루로 이루어진 네 자

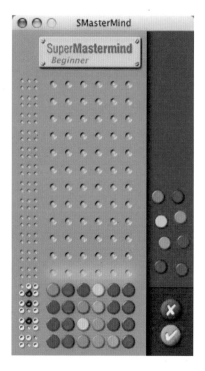

그림 24. 슈퍼 마스터마인드

리 암호를 맞추는 것입니다. 이때 중복해서 고를 수 없다는 점
이 마스터마인드와 다릅니다. 핀을 놓는 대신 상대방이 제시
한 숫자와 위치가 맞으면 불, 숫자는 맞는데 위치가 다르면 카
우라고 합니다. 예를 들어 암호가 1357이라고 할 때, 상대방
이 1235라고 하면 1의 값과 위치가 맞으므로 1불, 3과 5의 값
은 맞으나 위치가 틀리므로 2카우라고 합니다. 불과 카우는

워낙 인기가 많아서 1960년대 후반에 매사추세츠공과대학교 (MIT)의 한 학생이 'MOO'라는 게임 프로그램으로 만들기도 했어요.

다음으로 단어 마스터마인드라는 게임이 있어요. 이 게임은 숫자 대신 알파벳 4개로 만든 단어를 암호로 삼습니다. 규칙은 불과 카우와 비슷합니다. 만약 FOUR라는 암호를 만들고 상대방이 GOOD이라고 하면 1불, 0카우가 됩니다. 한글로 만든 마스터마인드는 아직 없는데, 여러분이 만들어 보는 건 어떨까요?(도전! 세 번째 문제)

이 밖에도 슈퍼 마스터마인드란 게임도 있어요. 마스터마인드와 규칙은 같은데, 구슬의 색이 8개고 구슬을 놓을 수 있는 구멍과 핀을 꽂을 수 있는 구멍 모두 5개입니다.

● 친구와 숫자 1~6을 갖고 마스터마인드를 해 보세요. ★

● 친구와 숫자 0~9를 갖고 마스터마인드를 해 보세요. ★

● 한글 마스터마인드를 만들어 보세요. 예를 들어, 사전에 있으면서 받침이 없는 두 글자로 이루어진 단어를 암호로 생각합니다. 예를 들어 '배구'라고 할 경우 'ㅂㅐㄱㅜ'가 암호입니다. 첫 번째, 세 번째는 자음이 들어가고 두 번째, 네 번째는 모음이 들어간다고 생각하면 됩니다. 좀 더 난이도를 높이려면 사전에 있는 아무 두 글자로 된 단어에서 받침을 무시한 단어를 암호로 생각합니다. 예를 들어 '향기'라는 단어일 경우 향에 있는 받침은 무시하고 'ㅎㅑㄱㅣ'를 암호로 하면 됩니다. ★★

● 다음은 숫자 1~6으로 이루어진 마스터마인드의 일부입니다. 최종 암호는 무엇일까요? 10분 동안 아래 힌트를 보지 말고 해 보세요. ★★★

질문 패턴	말의 위치
1122	1R
1344	1W
3526	1R, 2W
1462	1R, 1W

(힌트: 암호는 2가 하나, 3이 두 개, 6이 하나로 이루어져 있습니다.)

 빨간펜으로는 삼각형을
그리지 마세요

램지 정리와 심 게임

육각형 위에서 대결하는 게임, 심

두 사람이 연필과 종이를 갖고 할 수 있는 게임으로 심Sim이 있습니다. 미국의 암호학자 구스타프 시몬스Gustavus Simmons 가 1969년 〈유희 수학〉 저널에 이 게임을 처음 발표했어요. 많은 사람이 이 게임에서 이길 수 있는 전략을 찾으려고 노력했지요.

심 게임은 육각형의 변과 대각선으로 이뤄진 그래프 위에서 선분을 하나씩 그리며 진행됩니다. 정육각형에는 6개 점이 있지요. 임의의 두 점을 이으면 총 15개의 선분이 생깁니다. 예를 들어, 점 A와 B를 잇는 선분을 선분 AB로 표시할 때 선분 AB, 선분 AC, 선분 AD, 선분 AE, 선분 AF처럼 점 1에서 그을 수 있는 선분의 개수는 5개. 마찬가지로 점 2에서 그을 수 있는 새로운 선분의 개수는 4개, 3에서 그을 수 있는 선분의

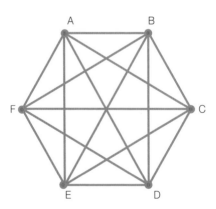

그림 25. 육각형의 변과 대각선 선분을 그어 게임하는 심

개수는 3개, 4에서 그을 수 있는 선분의 개수는 2개, 5에서 그을 수 있는 선분의 개수는 1개입니다. 따라서 1부터 5까지 더하면 15이므로 총 15개의 서로 다른 선분이 있습니다. 이를 순열을 이용해 쉽게 계산하기도 합니다.

규칙은 무척 간단합니다. 종이 위에 꼭짓점 6개를 찍은 뒤 번갈아 가며 15개 선분 중 하나를 그립니다. 먼저 시작하는 사람은 빨간색, 나중에 하는 사람은 파란색으로 그린다고 하지요. 한 차례씩 번갈아 가며 자신의 색깔로 이루어진 선분을 이어갑니다. 한 가지 색깔로 이루어진 삼각형을 만드는 사람이 지는 게임입니다. 따라서 이 게임을 이기려면 자신의 색깔로 이루어진 삼각형을 만들지 않으면서 상대방의 색깔로 이루어진 삼각형을 만들도록 유도하는 것입니다.

간단한 예를 들어 볼까요? 그림 26에서 왼쪽은 빨간 선이 먼저 선분 AC를 그려 파란 선과 교대로 일곱 차례 진행되었

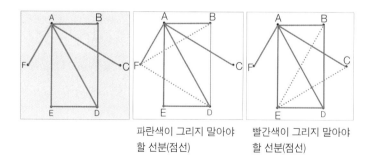

파란색이 그리지 말아야
할 선분(점선)

빨간색이 그리지 말아야
할 선분(점선)

그림 26. 각 플레이어가 그리지 말아야 할 선분

습니다. 지금까지는 빨간색으로 이루어진 삼각형도 없고 파란색으로 이루어진 삼각형도 없습니다. 이번에는 파란 선 차례인데 파란 선이 선분 FD나 선분 FB를 만들면 파란 선으로 이루어진 삼각형이 만들어지게 되므로 파란색이 집니다. 따라서 파란색은 그 이외의 선분을 찾아야 합니다. 그럼 빨간색의 입장에서는 피해야 하는 선분은 어떤 것일까요? 선분 EC 그리고 선분 EB입니다.

이렇게 주거니 받거니 하다가 아무도 자신의 색깔로 이루어진 삼각형이 나타나지 않을 수도 있을까요? 즉 서로 비기는 경우가 생길 수 있을까요? 이 질문에 대한 답은 절대 비기지 않는다는 것입니다. 프랭크 램지Frank Ramsey라는 수학자가 이를 증명했어요.

램지 정리

프랭크 램지는 요절한 영국의 천재 수학자입니다. 1903년 수학자 집안에서 태어나 28세가 되던 해에 병으로 세상을 떠났어요. 그가 가장 좋아했던 철학자는 당시 최고의 분석 철학자인 루트비히 비트겐슈타인Ludwig Wittgenstein이었습니다. 램지는 스무 살에 비트겐슈타인의 《논리철학 논고Tractatus Logico-Philosophicus》를 영어로 번역하기도 했어요. 그는 비트겐슈타인을 케임브리지대학교로 오게 한 후 수학과 철학에 대하여 정기적으로 토론을 벌이기도 했어요.

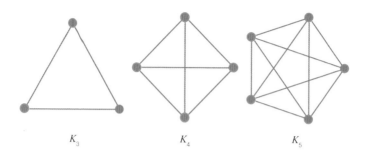

K_3 K_4 K_5

그림 27. 완전 그래프의 예

 램지는 논리학 분야에서 중요한 업적을 냈지만 그를 유명하게 만든 것은 그래프 위에서 특정한 성질을 갖는 부분 그래프가 존재한다는 이른바 램지 정리(램지 이론)입니다. 그 기본적인 내용은 다음과 같습니다.

 n개의 점이 있고 임의의 서로 다른 두 점 사이에 선분이 있는 그래프를 완전 그래프라고 하고 이를 K_n으로 나타냅니다. 간단히 정 n각형이라고 생각해도 무방합니다. 예를 들어 $n = 3$인 경우는 삼각형이 되고, $n = 4$인 경우는 사각형에서 모든 점들이 서로 연결된 것을 말합니다. $n = 5$인 경우는 5각형에서 내부의 별표 모양의 선분들과 외부의 5개 선분으로 이루어져 있습니다.

 정리: $n = 6$일 경우 K_6의 임의의 선분을 빨간색 혹은 파란색으로 색칠할 경우 단일한 색으로 이루어진 삼각형, 즉 K_3가 존재한다.

손가락으로 램지 정리 증명하기

손가락을 이용해 간단히 램지 정리를 증명해 볼까요? 점 6개를 오른손 손가락 5개 끝과 손바닥의 가운뎃점 p로 가정합니다. 그러면 점 p와 5개 손가락 끝으로 연결된 선분 중 최소한 3개는 같은 색깔로 칠해집니다. 왜 그럴까요? 점 p에서 5개 손가락 끝으로 빨간색 혹은 파란색 두 종류의 선분이 그려질 것입니다. 총 5가지의 선분이 가능하므로 빨간색 선분이 최소 3개이거나 파란색 선분이 최소 3개는 되어야 합니다. 왜냐하면 빨간색 선분이 최대 2개이고 파란색 선분도 최대 2개면 총 4개의 선분만 가능한데 선분은 총 5개이므로 이는 모순이기 때문입니다.

빨간색 선분이 5개라고 해 봅시다. 이제 손가락 끝에 있는 세 점에 주목합니다. 만일 이 세 점 중 두 점이 빨간색으로 이어졌다면 그 선분과 이미 그려진 두 개의 빨간색 선분이 빨간

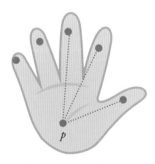

그림 28. 손가락을 이용해 램지 정리 증명하기

색 삼각형을 만들어 냅니다. 만일이 세 점 모두 파란색으로 이어졌다면 이 점들이 파란색 삼각형을 만들어 냅니다. 따라서 어떤 경우든 단일한 색으로 이루어진 삼각형이 존재합니다.

램지 정리를 다른 예를 들어 설명해 볼게요. 6명 이상의 사람이 참석하는 파티에서 세 사람이 서로 아는 사이이거나 세 사람이 서로 전혀 알지 못하는 사이 둘 중 하나는 반드시 성립한다는 것입니다.

램지 정리에서 등장하는 6개의 점보다 적은 5점으로 이루어진 완전 그래프인 K_5인 경우에도 단일한 색으로 이루어진 삼각형이 존재할까요? 답은 존재하지 않는다는 것입니다. 가운데는 파란색으로, 외부는 빨간색으로 색칠을 하면 단일한 색으로 이루어진 삼각형이 존재하지 않습니다. 즉 심은 램지 정리를 이용한 조합론적인 게임이어서 오각형에서는 할 수가 없습니다.

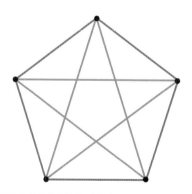

그림 29.   심 게임을 오각형에서 할 수 있을까?

앞에 램지 정리에서 말한 최소의 점 n을 '램지 수'라고 하고 $R(r, s)$로 표시합니다. 심 게임의 경우 $r = s = 3$일 때, $R(3, 3) = 6$임을 보인 거지요. 램지 정리에 의해 어떤 자연수 r, s에 대해 $R(r, s)$가 반드시 존재한다는 사실만 알 뿐 $R(r, s)$가 구체적으로 어떤 값인지 구하는 것은 어렵습니다. 램지 정리가 발표된 지 40여 년이 지난 지금도 $R(5, 5)$의 값은 43보다 크거나 같고 48보다 작거나 같다는 것만 알려졌을 뿐 정확히 어떤 값인지는 모릅니다.

지금까지는 나중에 두는 사람(파란색)이 이기는 전략이 있다고 알려져 있습니다. 그러나 실제 방법은 좀 복잡하여 게임을 하면서 쉽게 적용할 수 있는 방법은 아직까지 없습니다. 한 가지 간단한 규칙은 자신이 활용할 수 있는 선분 중에서 하나의 선분이 선택되었을 때 거기에서 지워지는 선분들의 수가 최소가 되도록 유지하는 것입니다. 이런 규칙으로 하다 보면 최종 단계에서 자신이 활용할 수 있는 선분들이 많은 편이 이길 것입니다.

램지 정리를 이용하면 심 게임을 일반화해서 꼭짓점이 6개가 넘는 그래프로도 게임을 할 수 있어요. 이를 '그래프 램지 게임'이라고 합니다. 예를 들어 $R(4, 4) = 18$이라는 사실이 이미 밝혀졌으므로 K_{18} 위에서 게임을 하고, 빨간색 또는 파란색 중 한 가지 색으로 이뤄진 K_4가 만들어지면 지는 것이지요. 램지 수가 많이 발견되면 다양한 그래프 위에서 심 게임을

그림 30.　18각형 심 게임하기

즐길 수 있을 거예요. 물론 그림 30의 K_{18}처럼 선분이 153개
나 있으면 종이에서 게임을 하기에는 좀 복잡할 수 있겠네요.

　이와는 독립적으로 세 가지 색깔을 이용하여 게임을 할 수
도 있어요. $R(3, 3, 3) = 17$이라고 알려졌는데, 이는 K_{17} 그래
프에서 빨간색, 파란색, 혹은 녹색으로 이루어진 삼각형이 반
드시 존재한다는 것입니다. 또한 K_{16}인 경우는 단색으로 이루
어진 삼각형이 존재하지 않는다는 의미입니다.

● 친구와 함께 정오각형에서 심 게임을 해 봅니다. 이 경우는 서로 비길 수도 있습니다. ★

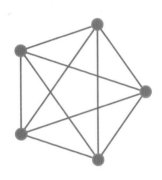

● $R(3, 3, 3) = 17$로 알려져 있습니다. 이를 증명하려면 먼저 $R(3, 3, 3) \neq 16$임을 보여야 합니다. 세 가지 색으로 이뤄진 아래 그래프에는 한 가지 색으로 이루어진 삼각형이 존재하지 않습니다. 빨간색으로 이루어진 삼각형이 존재하지 않음을 확인해 보세요. ★★

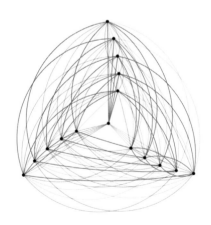

● 심 게임에서 이기기 위한 전략은 여러 가지가 있으나 아직 실제 게임에서 효과적인 전략은 없습니다. 여러분만의 전략을 찾아보세요. ★ ★ ★

● 지금까지 알려진 램지 수 $R(5, 5)$의 값은 $43 \leq R(5, 5) \leq 48$입니다. $R(5, 5) > 43$를 증명하거나 $R(5, 5) < 44$임을 증명해 보세요. ★ ★ ★ ★

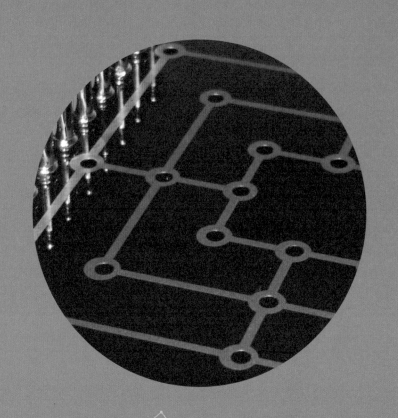

병사 셋을 나란히 나란히

9명의 모리스

7

고대 로마, 인도에서도 즐겼던 게임

2000년이 넘는 동안 여전히 많은 사람들이 즐기고 있는 '9명의 모리스Nine men's morris'라는 게임이 있습니다. BC 27년경에는 로마에서, 10세기경에는 인도에서 이 게임을 즐겼다고 알려져 있지요. 이집트와 영국 등지에서도 흔적을 찾을 수 있습니다. 특별한 도구가 없어도 즐길 수 있기 때문에 오랫동안 명맥을 유지했을 거예요. 모리스는 '동전'을 뜻하는 라틴어 '메렐루스merellus'에서 파생된 단어로, 동전 모양의 말 9개가 병사를 나타내기 때문에 '9명의 모리스'라는 이름이 붙었어요.

두 사람이 바둑돌처럼 색이나 모양이 다른 말을 9개씩 준비하고 점 24개로 이루어진 보드판을 마련하면 9명의 모리스를 할 수 있어요. 게임은 간단합니다. 두 사람이 번갈아 가며 말을 빈 곳에 놓습니다. 같은 색인 세 개 말이 하나의 선분 위에 있는 것을 '밀mill'이라고 합니다. 밀을 만들면 상대편의 말 하나를 판에서 없앨 수 있습니다. 최종적으로 상대편의 말이 2개가 남거나 더 이상 움직일 수 없게 만드는 사람이 이깁니다. 좀 더 자세히 살펴볼까요?

1단계: 게임판 위에 말 놓기

두 사람이 번갈아 가며 24개 점 중에서 빈 곳에 말을 넣습니다. 자기 말 3개를 한 선분 위에 평행하게 혹은 수직으로 넣으면 상대방의 말을 하나 빼낼 수 있어요. 여기서 상대방의 돌은

그림 31.　9명의 모리스 게임을 하고 있다. 1283년 스페인 카스티야왕국 알폰소 10세가 발간한《게임 책*Libro de los juegos*》에 실린 그림

밀의 상태가 아닌 것을 빼야 하는데, 더 이상 그런 돌이 없을 경우에만 밀의 상태의 돌을 뺄 수 있습니다.

2단계: 게임판 위에 말 밀기

1단계에서 9개의 말을 모두 놓았으면 이제 게임판 위에 있는 말을 밀어서 '밀'을 만들어야 합니다. 이때 말은 이웃한 점으로 한 칸만 움직일 수 있습니다. 한 가지 요령이 있는데, 밀을 이루는 말을 옆으로 밀었다가 다시 밀을 만들면, 상대방의 말을 또 없앨 수 있습니다. 이렇게 게임을 진행하다가 말이 3개 남은 사람만 세 번째 단계로 넘어갑니다.

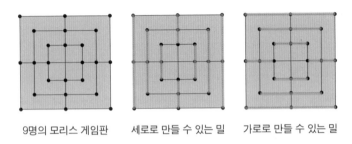

| 9명의 모리스 게임판 | 세로로 만들 수 있는 밀 | 가로로 만들 수 있는 밀 |

그림 32.   9명의 모리스에서 같은 색인 3개 말이 한 선분 위에 있는 것을 '밀'이라고
한다.

3단계: 게임판에서 뛰어넘기

말이 3개 남았으면 이제 막다른 곳에 다다른 거나 마찬가지입
니다. 상대방이 밀을 만들어 내 말을 하나 없애면 더는 밀을
만들 수 없으니까요. 따라서 둘 중 한 명의 말이 2개가 되는 순
간 게임이 끝납니다. 3개만 남은 경우 말은 점을 뛰어넘을 수
있습니다. 비어만 있으면 아무 점으로나 움직일 수 있지요. 게
임을 할 때 3단계가 반드시 있어야 하는 건 아니에요. 상대방
과 상의해서 1, 2단계만으로 말이 2개가 될 때까지 게임을 해
도 됩니다.

모리스는 여럿

모리스 게임은 9명의 모리스가 가장 유명하지만 다른 수로도
가능하답니다. 3명의 모리스는 점이 9개인 판에서 각각 3개의

말로 진행하는데, '9홀'이라고도 불립니다. 이 게임에서는 제일 먼저 밀(자신의 3개 말이 가로, 세로, 그리고 대각선으로 놓이는 경우)을 만드는 사람이 이깁니다. 아무도 밀을 만들지 못했을 경우 다음 두 가지 중 하나를 선택하여 경기를 진행할 수 있습니다. 하나는 9명의 모리스의 두 번째 규칙처럼 이웃한 빈칸으로 움직일 수 있어요. 다른 하나는 남은 개수에 상관없이 아무 빈칸으로 움직일 수 있습니다.

6명의 모리스는 점이 16개 있는 판에서 말 6개를 갖고 시작합니다. 규칙은 9명의 모리스와 똑같습니다. 단, 3단계 뛰어넘기는 제외하고 2단계에서 게임을 끝내야 재밌게 할 수 있어요.

12명의 모리스는 9명의 모리스보다 말과 선의 수가 더 많습니다. '모라바라바morabaraba'라고도 불립니다. 얼핏 보면 판이 똑같아 보이는데, 귀퉁이에 대각선 4개가 더 있어 대각선 방향으로도 밀을 만들 수 있습니다. 규칙은 9명의 모리스와 똑

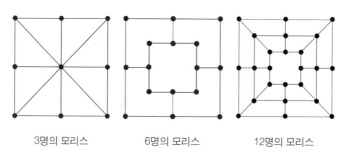

3명의 모리스   6명의 모리스   12명의 모리스

그림 33. 다양한 모리스 게임

같습니다. 차이가 있다면 각각 12개 말을 넣었을 때까지 아무도 밀을 만들지 못했다면 서로 비기게 될 수 있다는 것입니다.

9명의 모리스 필승 전략

9명의 모리스 게임에서 반드시 이길 수 있는 전략은 아직 밝혀지지 않았어요. 대신 게임이 어느 정도 진행된 상황에서 말이 어디에 얼마나 남아 있느냐에 따라 먼저 시작한 사람(검은 말을 가진 사람)이 이길 확률을 분석한 결과는 있지요. 1998년 스위스의 소프트웨어공학자 랠프 개서Ralph Gasser는 전수 조사(조사 대상을 모두 조사 하는 것)를 통하여 대부분의 경우 이 게임은 무승부로 끝난다고 증명하였습니다.

개서는 게임이 2단계까지 진행된 상태에서 판 위에 있는 검은 말과 흰 말의 수에 따라 검은 말이 이길 수 있는 확률을 3차원 막대 그래프로 나타냈어요. 그래프를 이해하기 위해 판 위에 남은 검은 말이 a, 흰 말이 b인 경우, $a - b$로 나타내 볼게요. 예를 들어 7 - 4는 검은 말이 7개, 흰 말이 4개 남아 있는 거예요. 이 경우는 6 - 4 혹은 7 - 3으로 진행될 것을 알 수 있습니다. 즉 현재 놓인 말의 패턴은 그 이전의 말의 패턴에 영향을 받는다는 것을 알 수 있습니다. 이러한 패턴을 나타낸 것이 그림 34입니다.

그림 34는 $a - b$로 되어 있을 경우 a개를 가진 사람이 b개를 가진 상대방을 이길 확률을 막대그래프로 나타낸 것입니

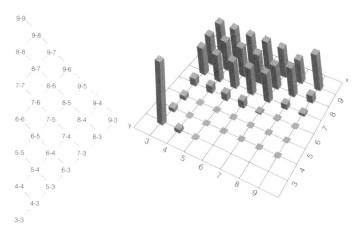

그림 34. 9명의 모리스 말이 놓이는 패턴

다. 예를 들어 3-3인 경우 먼저 진행하는 사람이 이길 확률은 83%로 알려져 있습니다. 3-6인 경우는 아무리 이기려고 해도 이길 확률은 0%입니다. 즉 반드시 비기거나 진다는 말입니다. 흥미로운 경우는 9-9일 때, 즉 모든 말이 채워졌을 경우 먼저 말을 두는 사람이 이길 확률이 꽤 높다는 것입니다.

● 1단계에서 검은 말을 놓을 차례입니다. 검은 말을 가진 사람이 항상 비길 전략을 찾아보세요. ★

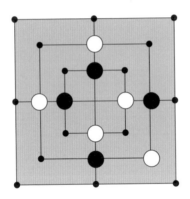

● 2단계에서 검은 말을 밀 차례일 때, 흰 말을 가진 사람이 항상 이길 수 있음을 보이세요. ★

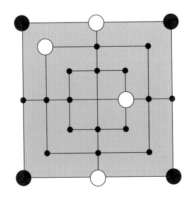

● 개서의 그래프를 보면 9명의 모리스에서 남아 있는 검은, 흰 말의 수가 각각 3, 5개일 때, 검은 말을 가진 사람이 이길 확률이 조금 있습니다. 그 예를 찾아보세요. ★★

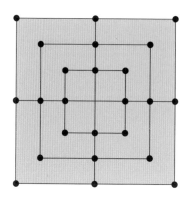

● 3명의 모리스에서 항상 이길 수 있는 조건은 무엇일까요? 1, 2단계일 때 모두 찾아보세요. ★★★

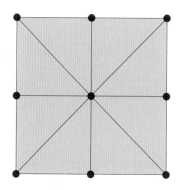

한꺼번에 뒤집어
모양 만들기

콰트레인먼트

8

콰트레인먼트 게임

콰트레인먼트Quatrainment는 가로세로 4칸씩 총 16칸으로 이뤄진 사각형 보드 위에서 하는 게임입니다. 콰트레인quatrain은 '4행시'라는 뜻이에요. 콰트레인먼트는 1984년 미국의 소프트웨어공학자 숀 퍼켓Sean Puckett이 〈계산!Compute!〉이라는 잡지에 처음 소개하면서 유명해졌어요. 1988년 미국 데이턴대학교 수학과 교수인 톰 갠트너Tom Gantner가 수학적으로 분석해 해법을 찾아냈어요.

콰트레인먼트를 하려면 우선 16칸 보드 두 개가 있어야 합니다. 하나는 '시작 보드,' 다른 하나는 '도착 보드'라고 해요. 두 보드의 빈칸 중 일부에 X가 있는데, 게임의 목표는 시작

그림 35. 1984년 숀 퍼켓은 〈계산!〉에 콰트레인먼트 게임을 소개했다.

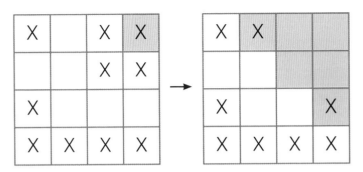

규칙 1: 모서리에 있는 칸을 선택할 경우 그 칸과 인접한 5칸을 모두 뒤집습니다.

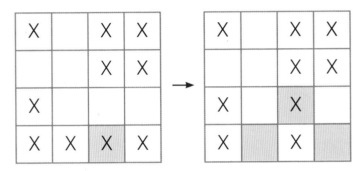

규칙 2: 색칠한 X칸을 선택한 경우 그 칸은 빼고 인접한 3칸만 뒤집습니다.

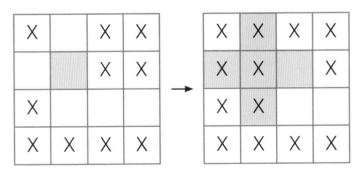

규칙 3: 그 외의 칸을 선택한 경우 선택한 칸과 인접한 4칸을 모두 뒤집습니다.

그림 36.   쾌트레인먼트 규칙

보드에 있는 X의 위치를 도착 보드에 있는 X의 위치와 똑같이 만드는 겁니다. X와 빈칸은 동전의 앞뒷면과 같아서 X를 뒤집으면 빈칸이고, 빈칸을 뒤집으면 X입니다.

한 칸씩 골라서 뒤집을 수 있으면 누구나 쉽게 게임을 끝낼 수 있겠지만, 한 가지 조건이 있습니다. X를 뒤집을 때는 미리 정해둔 세 가지 모양에 맞춰 각 모양에 속한 칸을 함께 뒤집어야 합니다. 16칸 중 어떤 칸을 고르냐에 따라 모양이 다르니 그림 36을 보고 세 가지 모양이 무엇인지 확인해 보세요.

규칙은 간단하지만, 이 규칙 때문에 게임이 무척 어렵습니다. 내가 선택한 칸뿐 아니라 인접한 칸까지 한번에 바뀌기 때문에 X와 빈칸이 원하는 곳에 있도록 만들기 쉽지 않습니다.

수학적 원리

가로세로 3줄(총 9칸)의 보드판에 위 세 가지 규칙을 적용합니다(그림 37). 이를 '3차 콰트레인먼트'라고 할게요. 대신 여기에

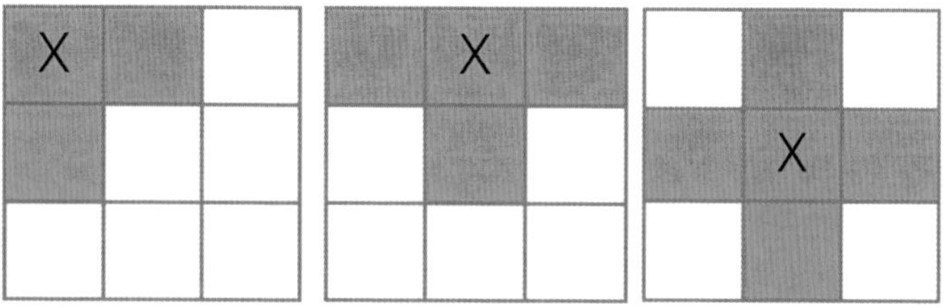

그림 37. 3차 콰트레인먼트

서는 규칙 2의 경우 선택된 부분의 칸도 반대로 바뀌어야 한다는 조건입니다. 그래서 모든 색깔이 주황색입니다.

여기에서 사용할 연산은 다음과 같습니다.

$$0 + 0 = 0$$
$$0 + 1 = 1$$
$$1 + 0 = 1$$
$$1 + 1 = 0$$

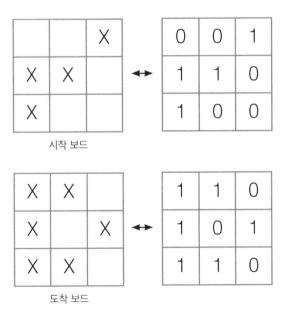

시작 보드

도착 보드

그림 38. 보드판을 2진법으로 바꾼 판

맨 마지막의 1 + 1 = 2가 아니라 0인 이유는 1을 홀수로 생각하고 0을 짝수로 생각하면 홀수 + 홀수는 짝수이므로 1 + 1 = 0이라고 생각하면 됩니다.

가로세로 3줄(총 9칸) 보드판을 0과 1로 이루어진 보드판으로 만들 수 있습니다. 즉 X가 있으면 1을 두고 X가 없으면 0을 두면 됩니다. 예를 들어 시작 보드와 도착 보드는 그림 38과 같이 바뀝니다.

시작 보드의 왼쪽 모서리를 뒤집는 것은 그림 39의 두 보드판을 더하는 것과 같습니다.

1	1	0		0	0	1		1	1	1
1	0	0	+	1	1	0	=	0	1	0
0	0	0		1	0	0		1	0	0

그림 39. 두 보드판의 합

행렬로 해법 찾기

따라서 4개 코너와 4개 모서리 그리고 중앙을 뒤집었을 경우에 해당하는 규칙을 0과 1로 이루어진 9개 보드판으로 나타낼 수 있다(그림 40).

이렇게 시작 보드와 도착 보드, 뒤집는 9가지 경우를 모두 숫자 보드로 나타낸 뒤 행렬의 덧셈을 이용하면 시작 보드를

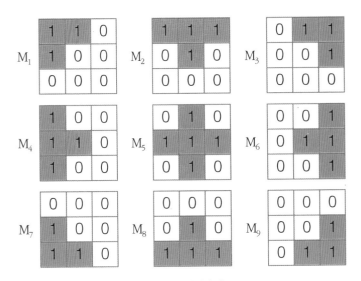

그림 40.   뒤집는 모든 경우를 숫자 보드로 나타낸 것

도착 보드로 만드는 방법도 알 수 있고 구체적인 방법도 찾을 수 있습니다. 행렬은 숫자를 줄에 맞춰 나열한 것으로, 행렬을 더하는 건 두 행렬의 같은 위치에 있는 숫자를 더한다는 뜻이에요. 두 행렬을 더하려면 가로세로에 있는 숫자의 개수가 반드시 같아야 하지요.

편의상 앞에서 숫자로 나타낸 시작 보드를 A, 도착 보드를 B라고 합시다. 시작 보드를 뒤집는 건 M_1~M_9 중 일부를 반복해서 더한다는 겁니다. 행렬의 상수배를 이용하면 이 과정을 식으로 나타낼 수 있습니다. 만약 보드 A를 첫 번째 모양(M_1)에 맞춰 c_1번 뒤집었으면 $A + c_1 M_1$으로 나타낼 수 있어요. 결국 시작 보드를 뒤집어서 도착 보드로 만들 수 있으려면 $A + c_1M_1 + c_2M_2 + \cdots + c_9M_9 = B$가 되는 $c_1 \sim c_9$이 있다는 뜻이에요. 이제 A와 B의 각 칸에 적힌 9개 숫자를 기준으로 써보면 다음과 같은 식을 얻을 수 있습니다.

	c_1M_1	c_2M_2	c_3M_3	c_4M_4	c_5M_5	c_6M_6	c_7M_7	c_8M_8	c_9M_9	
0	+ c_1	+ c_2	+ 0	+ c_4	+ 0	+ 0	+ 0	+ 0	+ 0	= 1
0	+ c_1	+ c_2	+ c_3	+ 0	+ c_5	+ 0	+ 0	+ 0	+ 0	= 1
1	+ 0	+ c_2	+ c_3	+ 0	+ 0	+ c_6	+ 0	+ 0	+ 0	= 0
1	+ c_1	+ 0	+ 0	+ c_4	+ c_5	+ 0	+ c_7	+ 0	+ 0	= 1
1	+ 0	+ c_2	+ 0	+ c_4	+ c_5	+ c_6	+ 0	+ 0	+ 0	= 0
0	+ 0	+ 0	+ c_3	+ 0	+ c_5	+ c_6	+ 0	+ 0	+ c_9	= 1
1	+ 0	+ 0	+ 0	+ c_4	+ 0	+ 0	+ c_7	+ c_8	+ 0	= 1
0	+ 0	+ 0	+ 0	+ 0	+ c_5	+ 0	+ c_7	+ c_8	+ c_9	= 1
0	+ 0	+ 0	+ 0	+ 0	+ 0	+ 0	+ 0	+ c_8	+ c_9	= 0

위 식을 만족하는 $c_1 \sim c_9$을 모두 구해야 하기 때문에 복잡해 보입니다. 그런데 $M_1 \sim M_9$은 모두 두 번 더하면 더하지 않은 것과 마찬가지니까 $c_1 \sim c_9$은 0 또는 1만 될 수 있어요. 이를 알면 위 식을 만족하는 $c_1 \sim c_9$ 값을 쉽게 찾을 수 있어요. 먼저 c_1, c_2, c_3에 0 또는 1을 대입해 보세요. 각 값이 0 또는 1이 되는 경우는 총 8가지가 있는데, 각 경우에 나머지 값인 $c_4 \sim c_9$의 값이 위 식을 다 만족하는지 검토하면 모든 값을 찾을 수 있지요. 이런 식으로 해 보면 $c_1 = 0$, $c_2 = 0$, $c_3 = 1$, $c_4 = 1$, $c_5 = 0$, $c_6 = 0$, $c_7 = 1$, $c_8 = 0$, $c_9 = 0$임을 알 수 있습니다. 즉 어

떤 모양에 맞춰 몇 번 뒤집어야 도착 보드로 만들 수 있는지 알 수 있는 거지요. 하지만 이런 공식에 얽매이지 말고 시행착오를 거쳐서 하는 것이 훨씬 재미 있을 거예요

● 9칸 보드에서 하는 콰트레인먼트에서 시작 보드 A와 도착 보드 B가 아래와 같을 때 어떤 모양대로 몇 번 뒤집어야 하는지 찾아보세요. 또한 위에 설명한 공식으로 답을 검증해 보세요. ★

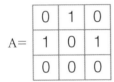

● 콰트레인먼트에서 시작 보드 A와 도착 보드 B가 아래와 같을 때 어떤 모양에 맞춰 몇 번 뒤집어야 하는지 찾아보세요. ★

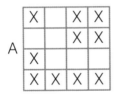
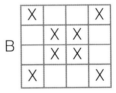

● 콰트레인먼트에서 일반적인 시작 보드와 도착 보드에 대하여 3차 콰트레인먼트 게임과 같은 해법을 찾아보세요. ★ ★

● 5차 콰트레인먼트 게임을 하려면 어떤 규칙이 필요한지 그리고 일반적인 해법은 무엇인지 공식을 만들어 보세요. ★ ★ ★

퀸으로만 체스를 둔다고?

n-퀸즈 게임과 퍼즐

퀸이 여러 명인 n-퀸즈 게임

체스에 '여왕'을 뜻하는 퀸이라는 말이 있습니다. 퀸은 장기의 차車처럼 가로세로를 칸의 수에 구애받지 않고 이동할 뿐만 아니라 대각선으로도 자유롭게 움직일 수 있습니다. 체스에서 가장 강력한 말입니다. 퀸 이외에도 킹, 룩, 폰, 나이트, 비숍 등의 말이 있습니다. 하지만 n-퀸즈n queens 게임은 가로세로 n칸인 체스판과 서로 색이 다른 퀸을 여러 개 이용합니다. 바둑판과 바둑알을 사용해도 됩니다.

n-퀸즈 게임은 가로세로 8칸인 체스판 위에 퀸 8개를 규칙에 맞게 배치하는 '8-퀸즈 퍼즐eight queens puzzle'에서 시작됐습니다. 1848년 독일의 체스 연구가인 막스 베첼Max Bezzel 이 처음 소개했고, 2년 뒤 독일의 의사 프란츠 나우크Franz

그림 41. $n = 8$일 경우 서로 공격하지 않는 8개 퀸들. 대칭 형태를 지닌 유일한 해답.
(출처: 위키피디아)

Nauck가 8-퀸즈 퍼즐의 해법을 알아내면서 가로세로가 n칸인 체스판 위에서 하는 퍼즐로 확장했습니다. 카를 프리드리히 가우스Carl Friedrich Gauss 등 여러 수학자들이 이 퍼즐에 관심 갖고 해법을 연구했어요. 이후 2016년 미국 베닝턴대학교 수학과 교수인 글렌 반 브러멜렌Glen Van Brummelen과 제자 하산 눈Hassan Noon이 상대방과 겨루는 게임으로 만들었습니다.

　$n=8$인 경우의 8-퀸즈 게임부터 규칙을 살펴봅시다. 가로세로 8칸인 보드판을 준비합니다. 퀸을 상징하는 흰색 말 4개와 검정색 말 4개를 만듭니다. 먼저 둘 사람을 정한 후 번갈아 가며 퀸을 둡니다. 단 이때 새로 두는 퀸은 공격당하지 않는 위치에 두어야 합니다. 더 이상 퀸을 둘 수 없는 사람이 지는 게임입니다.

먼저 두는 사람이 유리한가

이 게임을 하다 보면 최소 다섯 번은 두어야 승패가 남을 알수 있습니다. 퀸늘이 같은 행이나 열에 있을 수 없으므로 최대여덟 번까지만 둘 수 있습니다. 따라서 먼저 두는 사람은 다섯번째나 일곱 번째에 승패를 내야 합니다. 나중에 두는 사람은 여섯 번째나 여덟 번째에 승패를 내야 합니다.

　$n=4$일 경우 먼저 두는 사람이 항상 이길 수 있습니다. 예를 들어 처음에 다음과 같이 둔다면 나중에 두는 사람은 두가지 경우를 생각하면 됩니다.

(a) 코너에 둘 경우: 한 곳이 남게 되므로 먼저 두는 사람이 이길 것입니다.

(b) 코너가 아닌 다른 곳에 둘 경우: 코너 한 곳이 남게 되므로 먼저 두는 사람이 이길 것입니다.

다른 n의 경우 이기는 전략이 있을까요? 예를 들어 $n = 7$인 경우 먼저 두는 사람이 항상 이긴다는 것을 알 수 있습니다(그림 42). 즉 먼저 두는 사람은 항상 중앙(a)에 둡니다. 상대방은 두는 곳(b)과 중앙에 대칭적인 곳(c)에 세 번째 수를 두면 됩니다. 이런 식으로 하면 먼저 두는 사람은 항상 홀수 번째 둘 수 있으므로 이기게 됩니다. 즉 n이 홀수일 경우는 이렇게 이기는 전략이 있습니다. 그러나 n이 짝수인 경우는 아직까지 알려져 있지 않습니다.

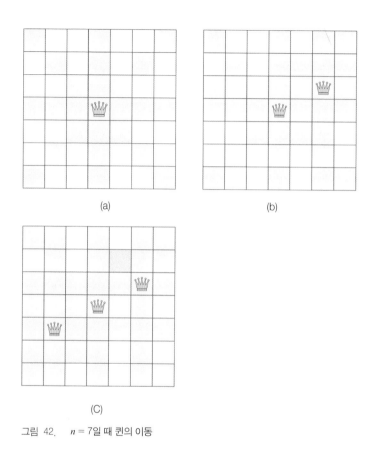

(a) (b)

(C)

그림 42.　　 $n = 7$일 때 퀸의 이동

수학적 원리

상대방과 겨루는 'n-퀸즈 게임'과 달리 'n-퀸즈 퍼즐'은 가로
세로 n칸인 체스판 위에 퀸 n개를 규칙에 맞게 놓는 거예요. n
이 어떤 값이냐에 따라 놓는 방법이 없기도 하고, 많기도 해요.
$n = 27$인 경우엔 무려 234,907,967,154,122,528가지나 있지요.

$n = 2$, $n = 3$인 경우를 제외하면 n값과 관계없이 퀸 n개를 놓는 방법이 적어도 하나는 있습니다. '놓을 수 있다'는 것만 알 뿐 n 값에 따라 구체적으로 방법이 몇 가지인지 계산하는 공식은 모르고, n이 무한히 커질 때 방법의 수가 수렴하는지 또는 발산하는지, 수렴하면 어떤 값으로 수렴하는지도 모릅니다. 다만 n이 1~27일 때 방법의 수가 몇 개인지는 알려져 있어요.

$n = 2$인 경우 왼쪽 위에 퀸을 두고 가능한지 시도해 보면 됩니다. 그러면 나머지 세 곳은 둘 수 없는 곳이 되므로 퀸 2개를 둘 수가 없습니다.

$n = 3$인 경우는 첫 번째 퀸의 위치를 세 곳에 둘 수 있어요. 우선 코너에 퀸을 두는 경우 남는 곳이 두 곳이면 이 중 한 곳을 두게 되면 다른 곳은 채워지므로 퀸 3개를 둘 수 없습니다.

모서리 가운데에 퀸을 두는 경우도 퀸 3개를 동시에 둘 수 없습니다.

중앙에 퀸을 두는 경우는 모든 위치에 다 갈 수 있으므로 오직 하나의 퀸만 둘 수 있습니다.

종합해 보면 $n = 3$일 경우 퀸 3개를 둘 수 없습니다.

$n = 4$인 경우는 다음과 같이 한 가지가 존재합니다. 이 모양을 x축 혹은 y축을 대칭으로 이동하면 다른 모양의 해답이 존재하므로 총 두 가지가 존재합니다. 이렇게 모든 방법을 찾을 때는 하나를 찾은 뒤, 대칭을 이용해 또 다른 방법을 찾아내는 게 요령입니다.

가우스와 8-퀸즈 퍼즐

8-퀸즈 퍼즐에 퀸 8개를 놓는 방법이 몇 개인지 처음 알아낸 사람은 수학 천재 가우스입니다. 가우스는 컴퓨터도 없던 1850년에 방법이 총 92개라는 사실을 알아냈지요. 8-퀸즈 퍼즐은 체스판의 칸이 총 64개이므로 모든 경우를 따지려면 총 $_{64}C_8 = 4,426,165,368$개를 따져야 합니다. 그래서 먼저 놓인 퀸이 속한 행과 열에 다음 퀸을 놓을 수 없다는 규칙에 따라

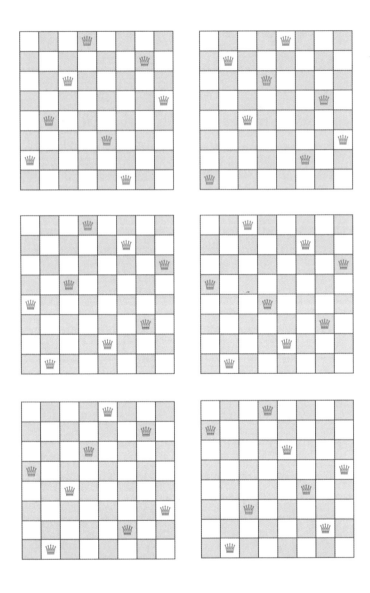

그림 43. 8 – 퀸즈 퍼즐의 방법 (출처: https://en.wikipedia.org/wiki/Eight_queens_puzzle)

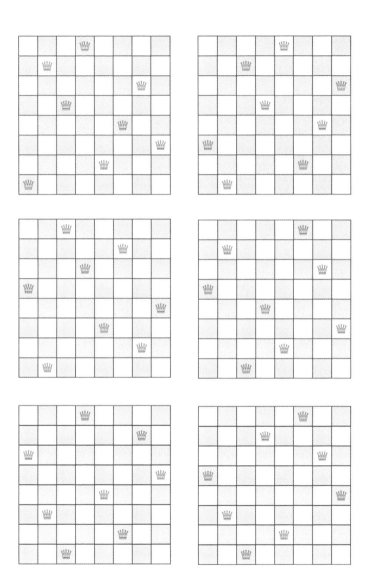

경우의 수를 줄입니다. 물론 대각선에도 놓을 수 없지만, 행과 열만 생각해도 많이 줄일 수 있어요.

체스판이 총 8개 열로 이뤄져 있으므로 첫 번째 칸에서 한 칸을 고르고, 두 번째 열에서는 앞서 선택한 칸을 뺀 7칸 중 한 칸을 고르면 앞서 놓인 퀸의 경로를 피할 수 있습니다. 결국 한 열에서 순서가 다르게 한 칸씩 고르는 것과 같으므로 8! = 40,320개로 줄일 수 있지요. 2002년 중국 베이징대학교 수학부의 종얀 큐는 대칭을 생각하지 않으면 그림 43과 같이 12가지 방법이 있다는 사실을 컴퓨터를 이용해 알아냈어요.

처음 11개의 해법 각각에 90도씩 회전해서 얻어지는 세 가지와 가로, 세로, 그리고 두 대각선에 의하여 대칭인 네 가지를 합하면 총 11×8 = 88개의 다른 해법이 존재합니다. 맨 마지막 해법은 회전 이동과 대칭 이동에 의하여 총 3개의 다른 해법이 존재하므로, 최종적으로 92개의 서로 다른 해법이 존재합니다.

현재까지 n-퀸즈 퍼즐은 n이 27 이하일 때 정확한 해가 존재한다는 것이 알려져 있습니다.

● 친구와 함께 8 – 퀸즈 게임을 열 번 해 봅시다. 이때 평균적으로 몇 개의 퀸을 둘 때 승패가 나는지 계산해 보세요. 승부가 나려면 최소 다섯 번은 두어야 하는 이유를 생각해 보세요. ★

● 친구와 함께 6 – 퀸즈 게임을 열 번 해 보고, 반드시 이길 수 있는 방법이 무엇인지 토론해 보세요. ★★

● 4 – 퀸즈 퍼즐에서 그림처럼 퀸을 놓는 방법과 대칭 관계인 방법을 모두 찾아보세요. ★

×	×	♛	×
♛	×	×	×
×	×	×	♛
×	♛	×	×

● 대칭을 생각하면, 5 – 퀸즈 퍼즐에서 퀸 5개를 놓는 방법이 단 2개뿐임을 보이세요. 또, 이 방법과 대칭 관계인 방법 10개를 모두 찾아보세요. ★★

● 대칭을 생각하면, 6 – 퀸즈 퍼즐에서 퀸 6개를 놓는 방법이 단 1개뿐임을 보이세요. 또, 이 방법과 대칭 관계인 방법 4개를 모두 찾아보세요. 특이하게 $n = 5$일 때보다 방법의 수가 더 작습니다. ★★★

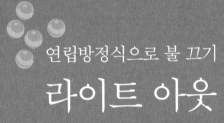
연립방정식으로 불 끄기

라이트 아웃

10

버튼을 눌러 불 끄기

1978년 미국 항공우주국(NASA) 출신 게임 디자이너 밥 도일 Bob Doyle은 '메를린Merlin'이라는 게임기를 만들어 선보였어요. 미국에서 1980년에 200만 개나 팔릴 정도로 메를린은 선풍적인 인기를 끌었습니다. 메를린으로 틱택토를 포함해 여섯 가지 게임을 즐길 수 있는데, 그중 수학적으로 가장 흥미로운 것은 매직 스퀘어Magic Square입니다. 이 매직 스퀘어가 불 끄는 게임의 원조입니다.

매직 스퀘어는 가로세로 각각 3칸(3차 행렬이라고 함)으로 이

그림 44. 메를린 게임

그림 ①   그림 ②   그림 ③

그림 45. 버튼 누르기의 세 가지 유형

뤄진 버튼의 불을 끄고 켜서 결과적으로 가운데 불만 꺼지도록 만드는 게임이에요. 그런데 버튼을 누르면 이웃한 버튼의 불도 꺼지고 켜져서 생각보다 쉽지 않아요. 예를 들어 모퉁이의 버튼을 누르면 해당 버튼과 그 버튼에 이웃한 버튼 2개와 대각선 버튼까지 총 4개의 불의 상태가 바뀌어요(그림 45 ①). 모서리 가운데 버튼을 누르면 양옆에 이웃한 버튼 2개를 포함해 버튼 3개의 상태가 바뀌고(그림 45 ②), 가운데 버튼을 누르면 상하좌우 버튼까지 총 5개의 상태가 바뀌지요(그림 45 ③).

1987년 캐나다 수학자 돈 펠티에Don Pelletier가 〈월간 미국 수학The American Mathematical Monthly〉에 매직 스퀘어를 잘할 수 있는 전략을 소개했습니다. 그는 벡터를 이용해 불이 꺼지고 켜진 상태를 나타냈어요. 이를 좀 더 살펴봅시다.

먼저 불이 켜진 상태를 1로, 꺼진 상태를 0으로 나타내요. 가장 위쪽 버튼부터 왼쪽에서 오른쪽 방향으로 읽어가며 불의

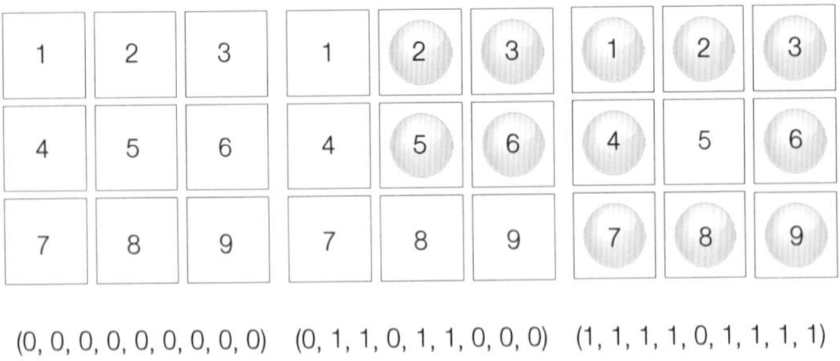

(0, 0, 0, 0, 0, 0, 0, 0, 0)   (0, 1, 1, 0, 1, 1, 0, 0, 0)   (1, 1, 1, 1, 0, 1, 1, 1, 1)

그림 46.   이진법으로 나타내기

상태를 나타내면 길이가 9인 '초기 이진 벡터'를 만들 수 있어요. 초기 상태에서 누른 버튼의 상태를 모두 벡터로 나타내면 총 9개의 이진 벡터가 만들어져요. 만약 초기 이진 벡터가 모두 0이라면, 버튼 3을 눌렀을 때 이진 벡터는 (0, 1, 1, 0, 1, 1, 0, 0, 0)이 되지요. 이렇게 만든 이진 벡터를 모두 더해서 결과적으로 (on, on, on, on, off, on, on, on, on)에 해당하는 (1, 1, 1, 1, 0, 1, 1, 1, 1)이 되게 만들면 게임을 끝낼 수 있답니다. 이때 '더한다'는 건 이진법 덧셈과 의미가 조금 달라요. 0 + 0 = 0, 1 + 0 = 0 + 1 = 1이지만, 1 + 1 = 0이기 때문이에요. 이진법처럼 자릿수가 늘어나지 않아요.

라이트 아웃

라이트 아웃Lights Out은 1995년 미국의 게임제작사 타이거 일렉트로닉스가 만들었습니다. 가로, 세로 각각 5칸에 불을 끄

그림 47. 라이트 아웃

고 켤 수 있는 버튼이 있는데, 버튼을 누르면 그 버튼과 가로와 세로로 이웃한 불의 상태가 반대로 바뀌어요. 매직 스퀘어와 달리 대각선은 바뀌지 않아요. 라이트 아웃에서는 모든 불을 끄는 게 목표랍니다.

　미니 라이트 아웃은 라이트 아웃의 축소 버전으로 가로세로 각각 4칸으로 되어 있습니다. 라이트 아웃 게임의 경우 버튼을 누를 경우 가로와 세로로 이웃하는 버튼의 라이트가 바뀌는 반면, 미니 라이트 아웃 게임의 경우 그 반대편, 즉 맨 위와 맨 아래가 이웃이고 맨 왼쪽과 맨 오른쪽이 이웃이 됩니다.

　수학에서는 이런 구조를 '원환면' 또는 '토러스'라고 부르지요. 토러스는 위상수학에서 자주 등장하는 도형으로, 사각형과 위상동형이에요. 사각형에서 마주보는 두 변을 이어 붙이면 토러스가 만들어지기 때문이에요. 따라서 한 버튼을 누르

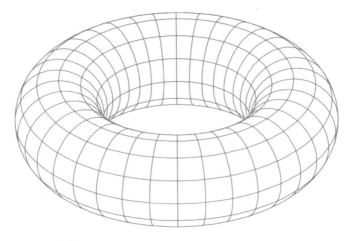

그림 48. 토러스

면 4개의 이웃하는 불의 상태가 반대로 바뀐다는 점이 라이트 아웃과 다른 점입니다. 라이트 아웃과 마찬가지로 이 게임의 목표도 임의로 주어진 불이 켜진 상태를 모두 꺼진 상태로 만드는 것입니다.

연립방정식으로 라이트 아웃 즐기기

매직 스퀘어와 라이트 아웃 모두 1차 연립방정식을 세워 해결할 수 있어요. 여기서는 가장 쉽게 가로, 세로 2칸인 초미니 라이트 아웃을 생각해 봐요. 게임의 규칙은 라이트 아웃과 같아요. 버튼 하나를 누르면 상하좌우에 이웃한 버튼까지 총 3개의 상태가 바뀌어요. 불이 켜진 상태를 1, 꺼진 상태를 0이라고 하면 어떤 버튼(□)을 누르느냐에 따라 아래와 같이 불의 상태가 네 가지로 바뀌지요.

$$
\begin{matrix} 0 & 0 \\ 0 & 0 \end{matrix} \rightarrow \begin{matrix} \boxed{1} & 1 \\ 1 & 0 \end{matrix} \text{ 또는 } \begin{matrix} 1 & \boxed{1} \\ 0 & 1 \end{matrix} \text{ 또는 } \begin{matrix} 0 & 1 \\ 1 & \boxed{1} \end{matrix} \text{ 또는 } \begin{matrix} 1 & 0 \\ \boxed{1} & 1 \end{matrix}
$$

다음과 같이 불이 들어와 있을 때 버튼을 최소로 눌러 불이 모두 꺼지게 만들어 보세요.

$$
\begin{matrix} \blacksquare & \square \\ \square & \blacksquare \end{matrix} = \begin{matrix} 1 & 0 \\ 0 & 1 \end{matrix} \rightarrow \begin{matrix} \boxed{0} & 1 \\ 1 & 1 \end{matrix} \rightarrow \begin{matrix} 0 & 0 \\ 0 & \boxed{0} \end{matrix}
$$

아마 여러 번 시행착오를 거치면 모두 0인 상태로 바꿀 수 있을 것입니다. 예를 들어 두 번이면 충분할 것입니다.

$$
\begin{matrix} \blacksquare & \square \\ \square & \blacksquare \end{matrix} = \begin{matrix} a & b \\ c & d \end{matrix}
$$

각 버튼을 위와 같이 문자를 써서 나타낸 다음 규칙을 식으로 표현해요. 여기서도 $0 + 0 = 0$, $1 + 0 = 0 + 1 = 1$, $1 + 1 = 0$이에요. a에 불이 켜져 있으므로 규칙에 의해 ①
$a + b + c = 1$이 됩니다. a와 d에 모두 불이 켜져 있어 ②

$a + b + d = 0$이 되지요. 같은 방식으로 ③ $a + c + d = 0$, ④ $b + c + d = 1$이 됩니다. 이제 식을 풀어 볼게요.

우선 ①과 ②을 더하면 ⑤ $c + d = 1$이 됩니다. 버튼을 두 번 누르면 $0 + 0 = 0$, $1 + 1 = 0$이 돼, 마치 아무것도 안 한 것처럼 되기 때문이지요. 즉 $2a$와 $2b = 0$이 됩니다.

③에서 ⑤를 빼면 $a = 1$이 됩니다. 또 ④에서 ⑤를 빼면 $b = 0$이 됩니다.

①에 $a = 1$과 $b = 0$을 대입하면 $c = 0$이 되고 ②에 $a = 1$과 $b = 0$을 대입하면 $d = 1$이 됩니다.

따라서 버튼 a와 버튼 d를 누르면 됩니다.

정사각형 외에도 다양한 도형이나 그래프 위에서 라이트 아웃을 할 수 있습니다. 자신이 좋아하는 도형을 선택하여 자신만의 라이트 아웃을 만들어 보세요.

● 초미니 라이트 아웃 게임을 즐겨 봅시다. 버튼을 최소로 눌러 게임을 깰 때 순서대로 어떤 버튼을 눌러야 하는지 맞혀 보세요. 먼저 직관을 이용해 풀고, 그다음 연립방정식을 세워 해결하세요. ★

	(a)	1	1	(b)	1	0	(c)	1	1
		0	0		0	0		1	1

● 매직 스퀘어 게임은 초깃값이 어떻든 가운데 불만 꺼지도록 만들 수 있어요. 왜 그런지 서술하세요. ★★

● 라이트 아웃에서 다음과 같이 불이 켜져 있을 때 최소 몇 번 버튼을 눌러야 불이 모두 꺼질까요? ★★

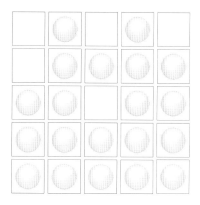

정답: 8번이면 충분합니다.

● 미니 라이트 아웃 게임에서 초깃값이 어떻든 게임을 끝낼 수 있다는 것을
보이세요. ★ ★ ★

마방진과 직교 라틴 방진

1258 보드게임

11

36명 장교 줄세우기

1782년 스위스 수학자 레온하르트 오일러Leonhard Euler는 다음과 같은 '36명 장교의 문제'를 떠올렸습니다.

> "군부대 6곳에서 장교 36명을 선발했다. 부대마다 소위와 중위, 대위, 소령, 중령, 대령을 한 명씩 선발한 것이다. 뽑힌 장교 36명을 가로와 세로 6줄로 세울 때, 어떤 가로와 세로 줄에서도 부대와 계급이 겹치지 않게 세울 방법이 있을까?"

오일러는 여러 방법을 생각해 보았지만 고심 끝에 이런 배치는 불가능하다고 추측했습니다. n이 5일 때, 즉 부대 5곳에서 계급이 다른 장교 5명씩을 뽑아 부대와 계급이 겹치지 않게 5줄씩 줄을 세우는 건 쉽습니다. 하지만 6일 때는 좀처럼 답을 찾기가 어려웠습니다. 이 문제는 무려 120년 동안 풀리지 않았답니다.

마침내 1901년 프랑스의 수학자 가스통 타리Gaston Tarry가 수천 가지 경우를 일일이 따져 36명 장교 문제의 답이 없음을 증명했어요. 1984년 캐나다 수학자 더그 스틴슨Doug Stinson은 조합적 디자인 이론으로, 1994년 미국 수학자 스티븐 도허티 Steven Dougherty는 부호론과 유한 기하학을 이용해 증명했습니다. 이 증명들은 모두 고급 수학을 사용했어요. 대학생 정도면 알 수 있는 정도의 지식만을 이용한 증명법은 아직 밝혀지지 않았지요. 여러분도 36명 장교 문제에 도전해 보세요.

다시 오일러의 추측으로 돌아갈게요. 오일러는 n이 6일 때뿐만 아니라 10, 14, 18처럼 n이 $4k + 2$인 배열에서도 가로 세로 n줄에 부대와 계급이 겹치지 않게 장교를 세울 수 없다 고 추측했습니다. 하지만 1959년 인도 출신 미국 수학자 라즈 찬드라 보스Raj Chandra Bose와 제자인 샤라드찬드라 샹카르 쉬 리칸데Sharadchandra Shankar Shrikhande, 미국 수학자 어니스트 파커Ernest Parker가 n이 10일 때 줄 세우는 방법을 찾으면서 오 일러의 추측이 틀렸음을 밝혔습니다. 이후 n이 2와 6일 때를 제 외한 모든 경우에서 줄 세우기가 가능하다는 것이 증명됐어요.

직교 라틴 방진을 연구한 최석정

수학에서는 오일러의 추측과 같은 줄 세우기를 '직교 라틴 방 진Orthogonal Latin square'이라고 불러요. 가로, 세로, 대각선의 합이 같도록 1부터 n까지 숫자를 적는 퍼즐을 마방진이라고

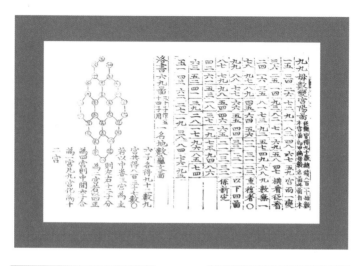

51	63	42	87	99	78	24	36	15
43	52	61	79	88	97	16	25	34
62	41	53	98	77	89	35	14	26
27	39	18	54	66	45	81	93	72
19	28	37	46	55	64	73	82	91
38	17	29	65	44	56	92	71	83
84	96	75	21	33	12	57	69	48
76	85	94	13	22	31	49	58	67
95	74	86	32	11	23	68	47	59

$$9(p-1) + q \Rightarrow$$

37	48	29	70	81	62	13	24	5
30	38	46	63	71	79	6	14	22
47	28	39	80	61	72	23	4	15
16	27	8	40	51	32	64	75	56
9	17	25	33	41	49	57	65	73
26	7	18	50	31	42	74	55	66
67	78	59	10	21	2	43	54	35
60	68	76	3	11	19	36	44	52
77	58	69	20	1	12	53	34	45

그림 49. 최석정의 《구수략》에 소개된 직교 라틴 방진

부르지요. 라틴 방진은 마방진의 변형으로, 가로, 세로 줄마다 같은 숫자나 기호가 있지만 한 줄 안에서는 한 번만 나오도록 적는 거예요. 마치 스도쿠처럼요. 이런 라틴 방진 두 개를 하나로 합쳐 놓은 것이 직교 라틴 방진이에요. 다시 말해 두 라틴 방진의 원소로 이뤄진 모든 순서쌍을 라틴 방진의 조건에 맞

게 나타낸 거예요.

직교 라틴 방진 연구를 '조합론'의 효시로 꼽기도 하는데, 유럽에서는 오일러가 1776년 직교 라틴 방진에 관한 논문을 써 가장 먼저 연구했어요. 그런데 최근 들어 우리나라의 최석정이 오일러보다 61년 먼저 연구했다는 사실이 밝혀졌어요. 조선 시대에 영의정까지 올랐던 최석정은 1715년 《구수략九數略》이라는 수학책에 9×9 배열로 이뤄진 직교 라틴 방진을 세계 최초로 만들어 소개했어요. 이를 이용해 9차 마방진도 만들었지요. 최석정의 연구는 자랑스러운 '수학 문화유산'이랍니다.

1258 게임과 직교 라틴 방진

이번에 소개할 1258 게임은 제가 2017년에 만든 보드게임입니다. 그런데 대체 1258 게임과 직교 라틴 방진은 무슨 관계일까요? 1258 게임은 1, 2, 5, 8로 이뤄진 4차 직교 라틴 방진의 가로와 세로에 있는 값을 찾는 게임이에요. 1258 게임 규칙을 살펴봅시다.

먼저 순서를 정하고, 카드를 잘 섞은 다음 3장씩 3줄로 바닥에 깔아요. 나머지 카드는 가운데 카드에 겹쳐 놓아요. 그다음 자기 순서가 되면 바닥에 깔린 8장의 카드와 중앙의 카드 더미 맨 위 중에서 카드 하나를 골라 가져가요. 만약 바닥에 깔린 카드를 골랐다면 카드 더미에서 맨 위를 빼서 빈자리를 채워놓아요. 그리고 나서 자기 순서에 가져온 카드가 4장 이상

이면 십의 자리와 일의 자리에 1, 2, 5, 8이 각각 한 번씩 나오게 만들 수 있는지 카드를 돌리거나 뒤집어서 살펴봐요. 그런 4장의 카드를 찾았다면 '올라'라고 말하고 카드를 내려놓습니다. 이때 카드 색깔이 모두 같으면 4점, 다 다르면 2점, 그 외에는 1점이에요. 바닥에 깔린 카드가 모두 사라질 때까지 게임을 진행하면 됩니다. 카드가 바닥나면 점수를 토대로 등수를 매겨 순위를 정해요. 동점일 경우에는 4점 카드가 가장 많은 사람이 승리합니다.

수학에서는 라틴 방진을 n차 행렬로 표시합니다. n차 행렬이란 $n \times n$ 정사각형 안에 수나 문자를 쓴 다음 큰 괄호로 묶은 거예요. 따라서 1, 2, 5, 8을 이용해 라틴 방진을 만들면 다음과 같이 행렬 A 또는 B로 나타낼 수 있어요. 이제 두 라틴 방진을 합쳐야겠지요. 두 행렬의 원소가 만드는 서로 다른 순서쌍을 모두 모아 행렬로 만들면 행렬 C가 돼요.

$$A = \begin{pmatrix} 1 & 2 & 5 & 8 \\ 5 & 8 & 1 & 2 \\ 8 & 5 & 2 & 1 \\ 2 & 1 & 8 & 5 \end{pmatrix} \quad B = \begin{pmatrix} 1 & 2 & 5 & 8 \\ 8 & 5 & 2 & 1 \\ 2 & 1 & 8 & 5 \\ 5 & 8 & 1 & 2 \end{pmatrix} \Rightarrow C = \begin{pmatrix} 11 & 22 & 55 & 88 \\ 58 & 85 & 12 & 21 \\ 82 & 51 & 28 & 15 \\ 25 & 18 & 81 & 52 \end{pmatrix}$$

행렬 C에서 가로 줄인 행이나 세로 줄인 열을 살펴보면 일의 자리에 1, 2, 5, 8이 한 번씩, 십의 자리에 1, 2, 5, 8이 한 번씩 나타나요. 대각선을 살펴봐도 마찬가지예요. 즉 행렬 C의 원소 각각을 두 자리 숫자 카드로 나타내면 행렬 C의 각 줄은 1258 게임에서 찾아야 하는 4장의 카드가 되지요. 이제 본격적으로 1258을 즐기면서 그 속에 숨은 수학적 성질을 직접 발견해 보세요.

예 1

바닥의 여덟 장 중 한 장을 가져 왔다면 카드 더미에서 한 장을 가져와 빈자리를 채워 줍니다.

예 2

중앙의 카드 더미에서 한 장을 가져 왔다면 빈자리가 없으므로 채워 놓을 필요가 없습니다.

1258 게임 규칙

1258 카드는 숫자 카드 96장과 어떤 숫자도 되는 조커 2장으로 이뤄져 있어요. 1, 2, 5, 8로 이뤄진 두 자리 숫자 카드 16장이 서로 다른 6색으로 칠해져 있어 16 × 6, 총 96장이지요. 또 어떤 카드를 골라도 180° 돌리거나 뒤로 뒤집어서 다른 숫자로 바꿀 수 있어요. 예를 들어 15는 51, 12, 21로도 변신이 가능합니다.

① 돌리거나 뒤집었을 때 숫자가 같은 카드. (11, 88)
② 돌리거나 뒤집었을 때 두 가지가 되는 숫자 카드. (18, 81, 22, 55, 25, 52)
③ 돌리거나 뒤집었을 때 네 가지가 되는 숫자 카드. (12, 21, 15, 51, 28, 82, 58, 85)

● 1258 카드에 있는 모든 수의 합은 항상 176이 됩니다. 왜 그럴까요? ★

$$12 + 21 + 58 + 85 = 176$$

● 다음 행렬 C는 가로, 세로, 대각선의 합이 176인 4차 마방진이 됨을 보이세요. ★★

$$C = \begin{pmatrix} 11 & 22 & 55 & 88 \\ 58 & 85 & 12 & 21 \\ 82 & 51 & 28 & 15 \\ 25 & 18 & 81 & 52 \end{pmatrix}$$

● 행렬 C를 이용해 가로, 세로, 대각선의 합이 68인 4차 마방진을 만드세요. ★

● 1258 카드 4세트를 4줄로 늘어놓고 세로도 올라가 되고 대각선도 올라가 되는 행렬 C(두 번째 문제에서 소개한 행렬)와 다른 행렬을 찾아보세요. ★★★

● 1258 카드 각각은 {1, 2, 5, 8}에서 {1, 2, 5, 8}로 가는 일대일 대응 함수 f로 볼 수 있습니다. 왜 그럴까요? ★★

● 1258 카드 중 12, 25, 58, 81처럼 각 카드의 일의 자리가 다음 카드의 십의 자리로 연결되는 1258 카드의 개수는 얼마일까요? ★★
(힌트: 이런 1258 카드는 임의의 a에 대해 $f(a) = a$가 되지 않는 일대일 대응 함수의 개수와 같아요.)

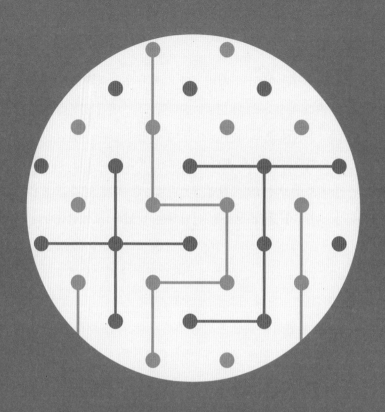

게임 이론의 아버지
존 내시가 반한 게임

스위칭 게임

12

우회하는 길을 찾다

스위칭 게임은 1951년경 미국의 수학자이자 공학자인 클로드 섀넌Claude Shannon이 만들었습니다. 그는 여러 컴퓨터를 이어주는 통신선 중 하나가 끊겼을 때 주변에 있는 통신선을 이용해 우회하는 방법을 찾다가 스위칭 게임을 떠올렸어요. 섀넌은 최초로 0과 1의 2진법, 즉 비트bit를 통해 문자는 물론 소리·이미지 등의 정보를 전달하는 방법을 고안했습니다. 1948년 그가 쓴 《커뮤니케이션의 수학적 이론The Mathematical Theory of Communication》은 현대 커뮤니케이션 이론의 고전으로 꼽히며 정보 이론의 기초를 확립했습니다.

스위칭 게임은 보통 사각형 격자 그래프 위에서 진행합니다. 먼저 그래프 위에 있는 두 점을 출발점과 도착점으로 정하고, 한 사람은 그래프의 변을 하나씩 색칠하는 쇼트short, 다른 한 사람은 변을 지우는 컷cut을 맡습니다. 여기서 변이란 이웃한 두 점을 연결한 선이에요. 이제 쇼트는 변을 색칠해 출발점과 도착점을 잇는 길을 만들어야 하고, 컷은 쇼트가 길을 만들지 못하도록 방해해야 합니다.

가로세로에 점이 5개씩 있는 격자에서 하는 스위칭 게임을 보세요. 쇼트(녹색)는 변을 색칠해 출발점 A에서 도착점 B를 잇는 길을 만들어가고, 컷(빨간색)은 쇼트가 길을 잇지 못하도록 변을 지웁니다. 왼쪽은 결국 컷이 16번째 변을 지우면서 쇼트가 도착점으로 가는 마지막 경로를 차단했기 때문에 컷이

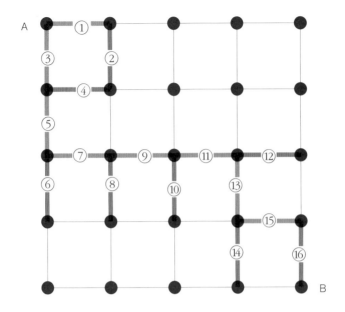

이긴 게임이에요.

　　다음 그래프에서는 컷이 먼저 진행하고 쇼트가 나중에 시작해도 쇼트가 항상 이길 수 있다는 것을 생각해 보세요.

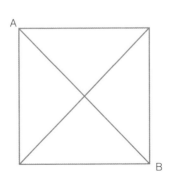

스위칭 게임은 1964년 수학자 앨프리드 리먼Alfred Lehman
이 어떤 경우 승리할 수 있는지에 관한 존재성 증명을 매우 복
잡한 방법을 이용하여 발견하였습니다. 1996년 리처드 맨스필
드Richard Mansfield는 그리 복잡하지 않은 방법으로 리먼의 결
과를 증명하였습니다. 하지만 스위칭 게임의 구체적인 해법은
아직까지 찾지 못한 상태이니 여러분이 도전해 보세요.

모습은 다르지만, 스위칭 게임과 방식이 비슷한 게임으로

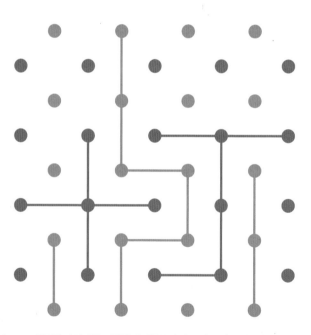

그림 50.　빨간색이 라이트, 파란색이 레프트인 세로 점 4, 가로 점 5개의 격자에서
하는 브릿짓. 맨 윗줄과 아랫줄에 있는 점을 먼저 이은 레프트가 이긴다.

'브릿짓'과 '헥스'가 있어요.

점에서 시작, 브릿짓

브릿짓Bridg-It은 촘프를 만든 데이비드 게일이 만든 게임으로, 스위칭 게임과 달리 변 없이 점만 세로로 n개, 가로로 $n + 1$개 있는 격자를 이용합니다. 크기가 같은 격자를 시계 방향으로 $90°$ 돌려서 원래 격자와 포갠 뒤에 게임을 한다는 점이 독특합니다.

게임 규칙을 살펴봅시다. 먼저 원래 격자에서 게임을 할 사람을 라이트, $90°$ 돌린 격자에서 게임을 할 사람을 레프트라고 정합니다. 레프트는 맨 위에 있는 n개의 점 중 하나를 출발점으로 선택해 맨 아래에 있는 점까지 선을 이어야 하고, 라이트는 맨 왼쪽에 있는 점에서 맨 오른쪽에 있는 점을 이어야 합니다.

레프트와 라이트는 가로세로 방향으로 선이 겹치지 않게 그리면서 먼저 선을 이어야 이길 수 있습니다. 격자를 떨어뜨려 놓고 보면 두 사람이 동시에 길을 만드는 스위칭 게임으로 볼 수 있습니다. 상대가 그리는 경로가 선분과 겹치면 안 된다는 게 스위칭 게임에서 컷이 경로를 지우는 것과 같으니까요.

정육각형 게임, 헥스

헥스Hex는 정육각형으로 이뤄진 11×11 마름모 보드판 위에서 하는 게임으로, 브릿짓과 비슷하게 마주 보는 두 변에 붙어 있는 정육각형을 먼저 연결하는 사람이 이깁니다. 다른 점이 있다면 선을 연결하는 대신 두 사람이 각자 말을 정육각형 위에 올려놓아 연결한다는 겁니다.

헥스는 1940년대에 덴마크의 공학자이자 시인인 피트 하인Piet Hein(1942)과 게임 이론으로 유명한 존 내시John Nash(1948)가 각각 독자적으로 개발했습니다. 존 내시는 헥스를 개발했을 뿐 아니라 헥스에서 처음 말을 두는 사람이 반드시 이길 수 있다는 사실을 밝혔고, 헥스는 절대 비기는 경우가 없다는 '헥스 정리'를 증명하기도 했습니다. 1952년 파커 브러더스사Parker Brothers는 이 게임을 상품화했습니다. 이 게임은 지금

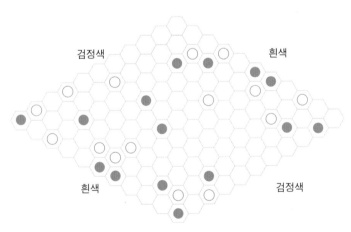

그림 51. 헥스는 보통 11×11 마름모판에서 하지만 크기는 다양하게 조절할 수 있다.

도 미국과 유럽에서 인기가 있지요.

헥스 정리에 따르면 굳이 양 끝 정육각형을 이어서 이기려 하지 않고 상대편 말이 이어지는 걸 막다 보면 저절로 이길 수 있습니다. 비기는 경우가 없으니 한 사람이 변 위의 정육각형을 잇지 못해 게임에서 지면 반드시 다른 사람이 이겨야 할 테니까요.

게임을 좀 더 살펴보지요. 각 모서리의 정육면체들을 마치 하나의 꼭짓점처럼 생각하면 흰색 말은 검정색으로 표시된 한 꼭짓점에서 시작하여 마주보는 검정색 꼭짓점까지 끊어지지 않는 경로를 찾으면서 동시에 검정색 말의 경로를 방해하는 것입니다. 마찬가지로 검정색 말도 자신의 경로를 찾되 흰색 말이 경로를 찾지 못하도록 방해하면 됩니다. 즉 섀넌의 스위칭 게임을 흰색과 검정색 말이 동시에 진행하는 것으로 보면 됩니다. 헥스는 보통 11×11 마름모판에서 진행되지만 크기는 다양하게 조정할 수 있습니다.

3×3 보드인 경우 누가 이길 수 있을까요? 가운데에 말을 두는 사람이 이길 수 있어요. 그림 52처럼 검정색 말이 가운데에 있으면 흰색 말을 어디에 두든 두 양쪽 끝을 잇는 경로를 먼저 만들 수 있기 때문입니다. 4×4 보드인 경우는 좀 더 복잡합니다. 먼저 하는 사람이 1, 2, 3, 혹은 4번 위치에 한 곳이라도 자신의 말을 넣어야만 이길 수 있습니다. 그렇지 않으면 반드시 집니다. 그림 보드의 크기가 커질 때마다 어떤 위치에

그림 52.　3×3 헥스와 4×4 헥스

넣어야 승리할 수 있을까요? 구체적인 방법은 아직 알려지지
않습니다. 하지만 앞서 말한 것처럼 존 내시는 첫 번째 시작하
는 사람이 이길 수 있다는 증명을 했습니다.

　놀라운 사실은 이 게임은 절대로 비기는 일이 없다는 것
입니다. 틱택토의 경우는 비기는 일이 종종 있는 걸 보면 다
소 놀라운 일이죠. 이 정리를 헥스 정리라고 합니다. 게일은
1979년 헥스 정리와 브라우어르의 부동점 정리가 동치라는
것을 증명하였습니다.

　네덜란드 수학자 라위트전 브라우어르Luitzen Brouwer의 이
름을 딴 브라우어르의 부동점 정리는 수식으로 설명하면 좀
어려울 수 있으니 간단한 비유로 설명할게요. 두 사람이 45도
경사진 산길을 각각 오르거나 내려간다고 가정합니다. 한 사
람은 일정한 속력으로 산 밑에서 산 정상까지 1시간 동안 올
라가고 다른 사람은 같은 시간에 산 위에서 산 밑으로 속력에
제한 없이 내려간다면 두 사람은 산길의 어느 지점에서는 반

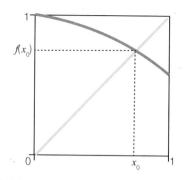

그림 53. 부동점 정리

드시 만난다는 것입니다. 그림 53에서 x축은 시간, y축은 높이를 나타냅니다. $y=x$라는 직선과 $y=f(x)$라는 끊어지는 않는 그래프는 항상 교차한다는 것이 부동점 정리입니다. 존 내시는 이런 부동점 정리를 게임 이론에 접목하여 내시 균형의 존재성을 증명하면서 노벨경제학상을 수상했습니다.

● 오각형과 오각 별을 이어 얻는 '피터슨 그래프'에서 스위칭 게임을 해 봅시다. 바깥쪽 다섯 개 점 중 두 점을 골라 출발, 도착점으로 삼으세요. 쇼트가 먼저 시작하면 이길 수 있을까요? 아니면, 쇼트가 나중에 시작해야 이길 수 있을까요? ★

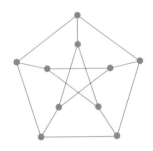

● 친구와 함께 6 × 7 격자에서 브릿짓을 해 보세요. ★

● 한 변에 있는 정육각형의 수가 각각 3, 4, 5인 마름모 위에서 헥스가 진행 중입니다. 세 게임 모두 흰색 말이 둘 차례일 때, 흰색 말을 어디에 두어야 이길 수 있을까요? ★ ★ ★

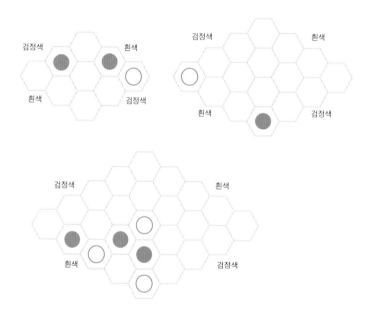

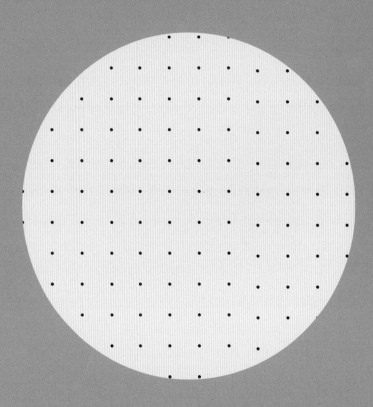

더 많은 상자를 차지하라

도트 앤 박스

13

도트 앤 박스

도트 앤 박스Dots and Boxes는 종이와 연필만 있으면 재미있게 할 수 있는 게임입니다. 19세기 프랑스 수학자 에두아르 뤼카 Édouard Lucas가 이 게임을 만들었어요. 피보나치 수열을 연구한 그는 피보나치 수열의 초깃값 두 개만 바꾼 루카스 수열이라는 것을 만들어 내기도 했지요. 유희 수학에도 관심이 많아 도트 앤 박스, 하노이 탑Tower of Hanoi(세 개의 기둥에 다양한 크기의 원판을 크기 순서대로 꽂는 게임) 등 다양한 수학 놀이를 만들었어요. 뤼카는 1889년 유희 수학에 관해 쓴 책에서 도트 앤 박스를 처음 소개했어요.

도트 앤 박스는 가로와 세로가 점 세 개 이상(3×3, 4×4, 5×5 등)으로 이뤄진 사각형 격자에서 하는 게임입니다. 이름에서 알 수 있듯이 상대와 번갈아 가며 이웃한 점을 이어 선분을 그리고, 이 선분을 변으로 하는 정사각형 상자를 완성하면 됩니다. 비교적 쉽지만 다음과 같은 규칙이 있어요.

먼저 선분은 반드시 하나씩, 가로 또는 세로 방향으로만 그려야 합니다. 그리고 상자의 모든 변을 자기가 그릴 필요는 없어요. 즉 상대가 세 변을 그렸더라도 내가 마지막 한 변을 그리면 내 상자가 되는 거예요. 마지막 규칙이 가장 중요합니다. 내 차례에 선분을 그려 상자를 완성하면 반드시 선분을 하나 더 그려야 해요. 만약 선분을 그릴 때마다 상자를 연달아 완성하면 계속해서 그려도 됩니다. 게임은 모든 선분을 그렸

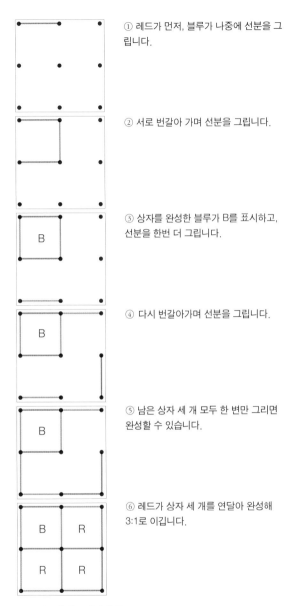

① 레드가 먼저, 블루가 나중에 선분을 그립니다.

② 서로 번갈아 가며 선분을 그립니다.

③ 상자를 완성한 블루가 B를 표시하고, 선분을 한번 더 그립니다.

④ 다시 번갈아가며 선분을 그립니다.

⑤ 남은 상자 세 개 모두 한 변만 그리면 완성할 수 있습니다.

⑥ 레드가 상자 세 개를 연달아 완성해 3:1로 이깁니다.

그림 54. 도트 앤 박스 게임 방법

을 때 끝나고, 상자를 많이 완성한 사람이 이깁니다. 만약 상자 수가 같으면 먼저 시작한 사람이 진 거예요.

그럼 9개 점(3×3 격자)으로 이루어진 도트 앤 박스 게임을 해 볼까요?(그림 54) 먼저 그리는 사람을 레드(붉은색), 나중에 그리는 사람을 블루(파란색)라고 할게요. 레드가 완성한 상자는 R, 블루가 완성한 상자는 B라고 표시해 자기가 그린 선분과 상자를 구분할 수 있도록 했어요.

미국 UC버클리의 수학과 교수 얼윈 벌리캠프Elwyn Berlekamp는 1946년 초등학생이었을 때 도트 앤 박스에 흥미를 느껴 연구하기 시작했어요. 그는 1982년 유희수학자 존 콘웨이John Conway, 리처드 가이Richard Guy와 함께 쓴 책《수학놀이에서 이기는 전략Winning Ways for your Mathematical Plays》에서 도트 앤 박스의 전략을 소개했고, 2000년에는《도트 앤 박스 게임The Dots-and-Boxes Game》이란 책을 쓰기도 했습니다. 그런데 벌리캠프가 항상 이길 수 있는 전략을 찾은 것은 아니에요. 사실 도트 앤 박스에서 이기는 전략을 찾는 문제는 수학에서 몹시 어려운 문제의 모임인 NP-하드에 속합니다. 그래서 몇 가지 상황에서 이길 수 있는 전략을 찾아냈죠.

다음 전략 I은 4×4 격자(점 16개)에서 하는 도트 앤 박스로, 레드가 먼저 시작한 게임입니다. 완성된 상자가 한 개도 없고 선분이 짝수 개 있으니 레드가 그릴 차례예요. 만약 여러분이 레드라면, 다음 전략 중 어떤 전략을 택할 건가요?

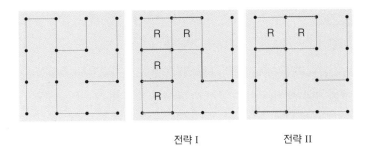

전략 I   전략 II

선분을 하나씩 추가하면 상자 4개를 연달아 완성할 수 있으니 대부분 전략 I을 선택하고 싶을 겁니다. 이 경우 상자 4개를 완성했지만 아직 만들 수 있는 상자가 5개 남아 있어요.

전략 I을 택할 경우 레드는 상자 4개를 완성한 뒤 다시 선분 한 개를 그려야 합니다. 다른 곳에 그려도 결과는 같으니 그림 55 ①처럼 맨 아래 오른쪽(빨간색 점선)에 그렸다고 가정합시다. 그러면 블루는 맨 아래 오른쪽 상자를 완성한 뒤 이웃

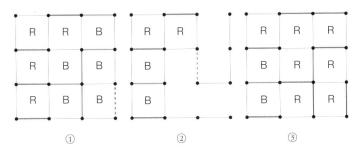

①   ②   ③

그림 55.   4×4 도트 앤 박스 게임에서 이기려면 어떤 전략을 선택해야 할까?

한 상자 4개를 연달아 완성할 겁니다. 4 - 0이었던 점수가 순식간에 4 - 5가 돼서 레드가 집니다.

전략 II를 택할 경우 그림 55 ②처럼 상자 2개를 완성한 블루는 반드시 어딘가에 선분을 추가로 그려야 합니다(파란색 점선). 레드는 그림 55 ③처럼 블루가 그려 놓은 선분을 이용해 상자 5개를 한 번에 완성해 버립니다. 처음에는 많이 차지하지 못해 아깝게 느껴지지만 상자 2개를 미끼로 5개를 얻어 결국 7 - 2로 레드가 이깁니다. 이런 전략을 '속임수 전략'이라고 합니다.

상자 고리로 이기기

속임수 전략은 항상 통하는 것일까요? 상대방도 속임수 전략을 쓴다면 어떻게 이길 수 있을까요? 속임수 전략을 쓰려면 '격자가 상자 고리로 채워져 있어야 한다'는 조건이 필요합니다. 앞서 레드의 성공적인 속임수 전략을 보면 블루가 선분을 그린 뒤 레드가 상자 5개를 연달아 완성했어요. 이렇게 선분을 한 개 추가하면 n개 이상의 상자를 연달아 완성할 수 있는 모양을 '길이가 n인 상자 고리'라고 불러요. 여기서 n은 3 이상인 자연수예요.

도트 앤 박스 게임에서 이기기 위한 전략은 다음과 같아요. 먼저 그리는 사람 A는 점의 개수와 상자 고리의 합이 짝수가 되게 하고 나중에 그리는 사람 B는 이 합을 홀수가 되도록

그림 56.　4×4 격자 보드

하는 것이 이길 가능성이 큽니다.

　예를 들면 4×4 격자(점 16개)로 이루어진 보드에서 할 경우, A는 상자 고리가 짝수 개가 되도록 하고, B는 홀수 개가 되도록 노력하는 것입니다. 상자 고리가 나타나지 않을 경우도 많습니다. 그런 경우는 누가 이길지 예측이 어렵기 때문에 한 수 한 수 최선을 다해서 두어야 합니다.

다양한 도트 앤 박스 게임

사각형뿐 아니라 삼각형 혹은 육각형 상자를 만드는 도트 앤 박스 게임도 있습니다. 예를 들어 점 28개와 점 36개의 삼각형으로 이뤄진 보드에서 게임을 할 수 있습니다. 상자는 선분 4개가 필요하지만 이 경우는 선분 3개만 필요하므로 많은 수의 삼각형이 쉽게 만들어집니다. 격자 모양이 달라도 속임수

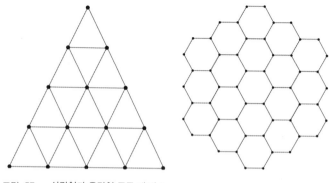

그림 57. 삼각형과 육각형 도트 앤 박스

전략을 사용하거나 상자 고리를 만들어야 한다는 사실에는 변함이 없습니다.

끈과 동전 게임

도트 앤 박스와 원리가 같은 '끈과 동전' 게임이 있습니다. 격자에서 만들 수 있는 상자 수만큼 동전을 사각형 격자 모양으로 늘어놓고 끈으로 이웃한 동전을 이은 뒤, 변에 있는 동전은 밧줄을 1개 또는 2개 추가해 모든 동전에 연결된 밧줄이 4개가 되도록 합니다. 이제 상대와 번갈아 가며 가위로 끈을 하나씩 끊습니다. 동전과 연결된 끈 4개를 모두 끊으면 그 동전을 가질 수 있고, 도트 앤 박스와 마찬가지로 동전을 얻은 뒤엔 끈 하나를 더 끊어야 합니다. 도트 앤 박스의 상자 한 개가 동전 한 개와 같고, 이웃한 두 상자는 끈으로 연결한 동전과 같

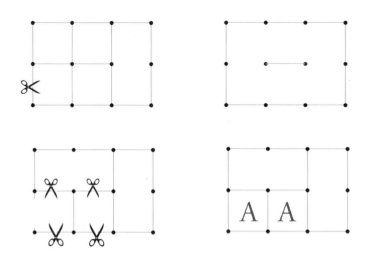

그림 58. 끈과 동전 게임의 원리

습니다. 두 상자가 공유하는 선분을 그리는 것은 동전 사이의 끈을 끊는 것과 같지요. 그림 58처럼 박스 A가 2개가 있다는 것은 동전 2개가 어떤 끈도 연결되어 있지 않다는 것입니다.

● 3 × 3 격자(점 9개)에서 하는 도트 앤 박스는 선분을 9개, 10개 혹은 11개 그렸을 때 이미 누가 이겼는지 알 수 있어요. 직접 점을 찍어 게임을 한 뒤 각각 어떤 패턴이 있는지 찾아보세요. ★

● 일반적으로 $m × n$ 격자에서 하는 도트 앤 박스는 격자가 상자 고리로 채워졌을 때, 모든 더블 크로스 개수의 합에 격자의 점 개수(mn)를 더한 값을 알면 이미 누가 이겼는지 알 수 있어요. 이유가 무엇일까요? 더블 크로스란, 아래 빨간색 선분처럼 두 개의 상자를 동시에 완성할 수 있는 선분을 말해요. ★★

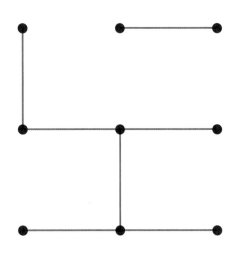

● 4 × 4 격자에서 도트 앤 박스 게임을 하고 있어요. 다음 두 상황에서 선분을 하나만 잘 그리면 반드시 이길 수 있습니다. 각각 어디에 그려야 할까요? ★ ★ ★

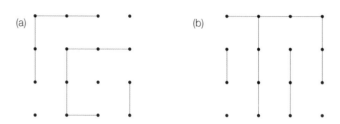

힌트: (a)의 경우 2개의 상자 고리, (b)의 경우 1개의 상자 고리가 필요합니다.

● 4 × 4 격자에서 하는 도트 앤 박스에서 항상 이기는 전략이 있을까요? 여러분의 생각을 자유롭게 적어 보세요. ★ ★ ★ ★

 상자 만들기와 인수분해를
온라인 게임으로

매트리킹

14

매트리킹

아무리 수학을 좋아하는 사람도 새로운 수학 개념을 배울 때
는 긴장하기 마련입니다. 처음 보는 공식과 문제를 이해하지
못해 수학이 낯설어집니다. 본격적으로 개념을 익히기 전에
이와 연관된 재밌는 게임을 한다면 좀 더 수학 공부가 즐거워
질 수 있어요. 그래서 제가 만든 것이 매트리킹이라는 게임 사
이트입니다.

　매트리킹MaTricKing은 Math, Trick, King의 줄임말로, 애피
타이저처럼 우리의 수학 지식과 호기심을 불러일으키는 게임
입니다. 간단한 규칙만으로도 재밌게 수학 개념을 익힐 수 있
는 온라인 보드게임으로, 최근 많은 호평을 받고 있습니다. 매
트리킹은 온라인에서 인수분해, 정육면체 전개도, 비, 예각삼
각형까지 총 4가지 게임을 즐길 수 있어요(www.matricking.
com). 각 게임은 모두 사각형 모양의 격자 위에서 진행해요.

인수분해　　✔MASTER
수와 연산

수리능력　　추론능력

정육면체전개도　　✔MASTER
입체도형

공간능력　　양적추론능력

대전 모드를 이용하면 2~4명이 동시에 대결을 펼칠 수 있고, 컴퓨터와 레벨을 높여 가며 대결할 수도 있습니다.

두 명이 게임을 할 경우를 설명합니다. 먼저 하는 사람은 빨간색, 나중에 하는 사람은 파란색으로 표시해서 인수분해, 정육면체 전개도, 예각삼각형 게임의 규칙과 전략을 살펴봅시다.

인수분해 게임

'인수분해'는 12를 2 × 6, 3 × 4로 나타내는 것처럼 어떤 자연수를 더 작은 자연수의 곱으로 분해하는 것을 뜻합니다. 어떤 자연수냐에 따라 곱하는 수가 다양하지요. 인수분해 게임은 이렇게 다양한 조합을 사각형의 넓이로 나타내, 인수분해를 쉽게 이해할 수 있어요. 예를 들어 인수분해 게임은 다음과 같이 다섯 가지 형태의 돌을 넣을 수가 있어요.

(1) 4를 1 × 4로 표현할 수 있으므로 돌을 가로로 4개 둡니다.

(2) 4를 4 × 1로 표현할 수 있으므로 돌을 세로로 4개 둡니다.

(3) 4를 2 × 2로 표현할 수 있으므로 돌을 가로 2개 세로 2개인 정사각형 모양으로 둡니다.

(4) 돌을 대각선 방향으로 둡니다. 총 2가지가 가능합니다.

일반적으로는 n이 주어져 있을 경우 이 수를 두 개의 수 $n = ab$로 표현했을 때 가로가 a이고 세로가 b인 사각형의 돌

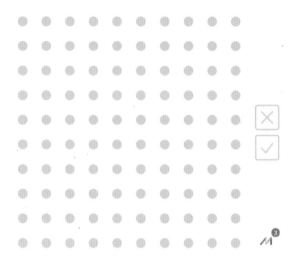

그림 59. 10×10에서 대결하기

을 쌓으면 됩니다. 물론 게임의 재미를 위해 두 개의 대각선의 방향을 허락합니다.

　　n이 2보다 큰 소수인 경우 $n \times n$ 격자에서 게임을 하면 먼저 두는 사람이 항상 이깁니다. 먼저 두는 사람은 항상 홀수 차례에 두게 되는데, $n \times n$ 보드에서는 가로 혹은 세로로 처음 진행하면 나중에 두는 사람은 같은 방향으로 두어야 합니다. 총 n번 차례가 되고 n은 홀수이기 때문에 결국 먼저 두는 사람이 이기게 됩니다.

　　예를 들어 3×3인 경우는 한 차례만 가능하므로 먼저 두는 사람이 반드시 이깁니다. 일반적으로 n이 소수가 아니고 격자도 $m \times m$(단, $m \rangle n$)인 경우는 이기는 전략이 아직 알려지지 않았어요. 전략은 자신이 먼저 시작한 경우 자신이 두어야 할 때 홀수 번째 게임이 끝나도록 해야 이기고, 자신이 나중에 시작한 경우 자신이 두어야 할 때 짝수 번째 게임이 끝나도록 해야 합니다. 이 전략을 누가 끝까지 가져가느냐에 따라 승패가 나뉩니다.

정육면체 전개도 게임

정육면체 전개도 게임은 인수분해 게임과 비슷합니다. 다만 사각형 대신 정육면체의 전개도를 그린다는 점이 다르지요. 정육면체 전개도 게임은 두 눈을 부릅뜨고 잘 살펴봐야 합니다. 더 이상 그릴 공간이 없어 보여도 잘 찾아보면 꼭 들어맞

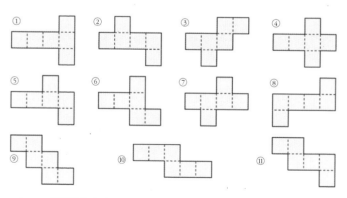

그림 60. 정육면체 전개도는 11가지가 있다.

는 모양이 있을 수도 있으니까요.

정육면체의 전개도는 총 11가지가 있어요(그림 60). 이 중 하나를 선택해 먼저 두고 다음 사람도 하나를 선택하며 둡니다(즉 격자에 정사각형 모양의 점을 찍어 그립니다). 번갈아 가면서 두다가 마지막에 두지 못하는 사람이 집니다. 위에서 빨간색이 먼저 시작하고 파란색이 나중에 둔다고 합시다.

그림 61에서는 빨간색이 둘 차례인데 더 둘 곳이 있을까요? 자세히 살펴보면 중앙에 비어 있는 6자리를 찍으면 정육면체가 됩니다. 따라서 그 자리에 빨간색이 두면 이기게 됩니다.

4 × 4 격자처럼 크기가 작은 격자에서는 그림 60의 전개도 ⑩을 제외하고 10가지 중 하나를 가운데에 그려 놓으면, 더 이

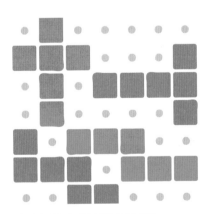

그림 61. 정육면체 전개도를 더 만들 공간이 있을까?

상 그릴 공간이 없어 빨간색이 쉽게 이길 수 있어요. 5×5 격자에서도 간단한 전략을 이용하면 빨간색이 반드시 이길 수 있어요. 빨간색은 중앙에 전개도 ①을 T자 모양으로 그립니다. 그러면 파란색은 전개도 ①을 왼쪽, 또는 오른쪽에 전개도 ⑩을 세로 방향으로 그릴 수밖에 없어요. 이제 빨간색은 파란색이 그린 전개도와 대칭인 위치에 같은 모양의 전개도를 그리면 이길 수 있습니다. 크기가 6×6 이상인 격자에서 반드시 이길 수 있는 방법은 아직 밝혀지지 않았어요. 먼저 두는 사람은 홀수 번째가 마지막 수가 되도록 전략을 짜고 나중에 두는 사람은 짝수 번째가 마지막 수가 되도록 전략을 짜야 이깁니다.

예각삼각형 만들기

예각삼각형 게임은 3개 돌을 한꺼번에 넣는데 그 돌들을 서로 연결하였을 때 예각삼각형이 되도록 하는 것입니다. 예를 들

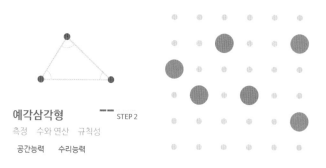

예각삼각형   ━ ━
STEP 2
측정   수와 연산   규칙성
공간능력   수리능력

그림 62.   예각 삼각형 만들기

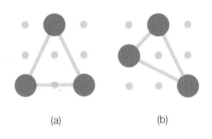

어 빨간색의 경우 3개 돌이 예각삼각형을 이루고 있습니다. 파란색의 경우도 3개 돌이 예각삼각형을 이루고 있습니다. 번갈아 가면서 두게 되고 마지막에 두지 못하는 사람이 지게 됩니다. 예를 들어 위의 그림처럼 3×3 격자인 경우 두 가지 유형으로 3개 돌을 놓을 수 있습니다.

90도로 돌리면 각각 세 가지가 더 생성되므로 총 여덟 가지의 예각삼각형이 가능합니다. 따라서 빨간색이 (a) 혹은 (b)의 타입으로 둘 경우 파란색이 그와 다른 유형으로 항상 둘 수 있기 때문에 파란색이 항상 이깁니다.

4×4 격자인 경우는 어떨까요? 좀 더 복잡하지만, 총 둘 수 있는 차례의 수는 최대 다섯 번입니다. 왜냐하면 가능한 돌의 위치는 16개이고 한 번에 3개씩 지워가므로 다섯 번이 최대가 됩니다. 따라서 빨간색의 전략은 차례가 총 다섯 번 되도록 두는 것이고 파란색의 전략은 차례가 총 네 번 되도록 두는 것입니다. 일반적으로 $n \times n$ 격자인 경우 최대 $n^2/3$을 넘지 않는 수만큼의 차례가 가능합니다. 실제로 게임을 하다 보면 이

값보다 한 차례 혹은 두 차례 정도가 차이가 납니다. 따라서 한 번 잘못 두면 승패가 엇갈린다고 볼 수 있습니다.

　이와 유사한 게임으로서 직각삼각형, 둔각삼각형, 그리고 일반적인 삼각형 게임을 생각할 수 있습니다. 더 나아가 n각형 게임도 가능합니다. 여러분도 다양한 게임을 생각해 보고 시도해 보세요.

● 두 사람이 4×4 격자에서 인수분해 게임을 할 때 먼저 그리는 사람이 반드시 이길 수 있는 방법이 있을까요? ★

● 두 사람이 6×6 격자에서 정육면체 전개도 게임을 할 때, 먼저 그리는 사람이 반드시 이길 수 있는 전략을 다섯 가지 이상 찾아보세요. ★★

● 두 사람이 5 × 5 격자에서 예각삼각형 게임을 할 때, 먼저 그리는 사람이 이길 수 있는 전략을 다섯 가지 이상 찾아보세요. 또, 나중에 그리는 사람이 이길 수 있는 전략도 다섯 가지 이상 찾아보세요. ★★

● 인수분해 게임, 정육면체 전개도 게임, 예각삼각형 게임과 유사한 게임을 만들어서 친구들과 함께해 보세요. ★★★